WE, ROBOTS

Staying Human in the Age of Big Data

机器人时代

在大数据时代保持人性

[美] 柯提斯·怀特 ◎ 著

（Curtis White）

陈俊涵　胡南 ◎ 译

电子工业出版社·

Publishing House of Electronics Industry

北京·BEIJING

版权贸易合同登记号 图字：01-2018-6826

图书在版编目（CIP）数据

机器人时代：在大数据时代保持人性 /（美）柯提斯·怀特（Curtis White）著；陈俊涵, 胡南

译. —北京：电子工业出版社, 2021.7

书名原文：We, Robots: Staying Human in the Age of Big Data

ISBN 978-7-121-35605-6

Ⅰ.①机… Ⅱ.①柯… ②陈… ③胡… Ⅲ.①机器人－普及读物 Ⅳ.① TP242-49

中国版本图书馆 CIP 数据核字 (2018) 第 263696 号

作　　者：[美]柯提斯·怀特（Curtis White）著　陈俊涵 胡南 译
责任编辑：杨雅琳
印　　刷：三河市君旺印务有限公司
装　　订：三河市君旺印务有限公司
出版发行：电子工业出版社
　　　　　北京市海淀区万寿路 173 信箱　邮编 100036
开　　本：720×1000　1/16　印张：18　字数：200 千字
版　　次：2021 年 7 月第 1 版
印　　次：2021 年 7 月第 1 次印刷
定　　价：88.00 元

凡所购买电子工业出版社图书有缺损问题，请向购买书店调换。若书店售缺，请与本社发行部联系，联系及邮购电话：（010）88254888，88258888。
质量投诉请发邮件至 zlts@phei.com.cn，盗版侵权举报请发邮件至 dbqq@phei.com.cn。
本书咨询联系方式：010-88254210，influence@phei.com.cn；微信号：yingxianglibook。

序言 "仿佛"的哲学

> 人类是一种将虚幻视作真实的动物,只有当他扮演某个角色时才是
> 最真实的自己。
>
> ——威廉·赫兹利特(William Hazlitt)

> 医生往往都能活到我们觉得他应该活到的岁数,这不是很神奇吗?
> ——《我与安德鲁的晚餐》(*My Dinner with Andre*)

20世纪60年代末,在旧金山大学读哲学本科时,我了解到了汉斯·费英格(Hans Vaihinger)及其从1876年到1911年间创作的《"仿佛"的哲学》(*Philosophy of As-If*)(原名"科幻的理论")。费英格写道:"刻意的虚幻,在科学、哲学和生活中产生了极大的影响。"

我想渐一列举我们有目的性的、用来刻意制造虚幻的方法……我们应该记住,反映现实是一件完全不可能实现的事情,理念世界[1]整体的目的不是反映现实,而是为我们提供

---

1 柏拉图认为世界由理念世界和现实世界组成。——译者注

一种"在这个世界中找到更简单的生存方式的办法"。

对于费英格来说，我们的理念不是现实世界的真实图景和复制品；相反，它们只是被用来应对一种不可知的现实。我们生活在我们自己创造的平行世界里，而非"现实"中。他大量引用弗里德里希·威廉·尼采（Friedrich Wihelm Nietzsche）在《人性的，太人性的》（Human, All Too Human）一书中所写的话：语言对于文化演进的重要性在于，人类在语言中构建起另一个世界，它独立于现实世界。人类认为他们将这一世界打造得非常稳固，借助它，人类可以卸除现实世界的铰链，并且成为它的掌控者。

费英格还发现了一个问题，他称之为"方法优于结果法则"。在人类发展的某些时刻，我们的故事开始不为我们所控制，故事本身的重要性开始超越我们最初想要依靠它来实现的目的。这种"方法的优越性"不仅能够存在，而且正是"方法的优越性"让生活变得——就像我们常说的——"有价值"。就生活的质量而言，我们需要的是意义、富足、满意、快乐、智慧，所有这些我们都要。

这种"优越性"以一种我们非常熟悉的方式呈现在大家面前，以至我们不会惊讶于它实际上是多么无用。想想"性"这件事（我相信你肯定经历过），动物交配并且孕育后代。与牲畜不同的是，人类花费了大把的生命追求一种所谓的浪漫爱情。有的人在追求浪漫爱情的过程中得到了充分的满足，有的人觉得腻烦，有的人受到伤害，有的人气得想杀人。这其中有天堂般的快乐，有与情敌的挥拳相向，有欣喜若狂，也有摔碎瓷片一样的心情。有些人觉得，陷入爱情让他们第一次成为完整的自己，而另一些人觉得，爱情给他们带来了永久的伤害（还有人会同时有这两种感受）。情侣们在意大利卡普里岛上（或是父母不在家时，自家地下室的沙发上）留下过难忘的回忆，但也有一些时候的情况与此完全相反——两人中被激怒的一方换掉家里的门锁，同时法院一纸禁令让另一方不得进入自己的家门。两性繁殖如同贝多芬（Beethoven）把迪亚贝利（Diabelli）创作的平庸乏味的曲子改编成奇妙无比、充满无限变幻的旋律一样，它让一些部分充满了自信的力量，一些部分又充满忧郁悲伤，还有一些部分则两者交替错杂。

所谓的"性生活"，实际与我们在文学艺术中看到的并不一样。例如，在马塞尔·普鲁斯特（Marcel Proust）的《在斯万家这边》（*Swann's Way*）中，斯万爱上了奥黛特，但是关于奥黛特，他唯一知道的就是她让他想起了一幅画和一首美丽的曲子。不过，这并不能让他对奥黛特继而展现的其他特质有所准备，如奥黛特喜欢和其他女孩子一起藏在大石头后面，斯万就必须动用一切想象力找到这个地方，可鬼知道她们到底藏在哪里。同斯万一样，我们也经常难以判断我们所爱的到底是面前这个人，还是我们在大卫·赫伯特·劳伦斯（D.H.Lawrence）的书中读到的人物；是我们在电影《卡萨布兰卡》（Casablanca）里看到的角色，还是在《时尚》（Cosmopolitan）杂志的某一页上出现的人物。

食物也是一样的。当给我们机会选择吃什么的时候，我们吃的并不是"食物"。我们眼里并没有"食物"的概念。对于马来说，食物是一袋燕麦。但我们不这样想，我们吃的不仅是卡路里和营养物质（铁人三项运动员除外）。我们有不同的菜式——意大利菜、法国菜、卡津菜[1]、泰国菜，还有混合菜式。我们还有各种浓烈的葡萄酒、打开新世界大门的啤酒文化、电视上诱人的美食节目，以及让人眼花缭乱的充满糖和脂肪的甜品。简单来说，人类并不是达尔文学派的生存主义者，而是极繁主义者。使我们的文化极其繁化成为可能的，是我们的玩乐心态和我们通过叙事的方式对世界进行的虚构，后者是玩乐心态的精髓。每一份食谱都是一个故事，讲述我们对口味的精雕细琢。

我在读费英格的书时有两点思考。

第一点思考是，他朴素的建议能否被称为哲学？我习惯读那些伟

1　卡津人是主要居住于美国路易斯安那州的少数族裔。祖先为法国裔的加拿大阿卡迪亚人。
——译者注

人的思想，如笛卡尔、康德和黑格尔。他们通过详尽地阐述真理（他们所认为的科学）来建立普世的哲学体系。但费英格看起来只是告诉我如何理解真理，他并没有创造真理（据我所知是这样的，除了他可能说过"唯一的真理是没有真理"）。

我的第二点思考是，当然，他是对的。对于一个生活在1969年的旧金山的年轻人来说，这个世界似乎只是在对我们日常认同的所有东西进行无情地批判——开始是批判父母、政客和科技领域供应商的谎言，如陶氏公司、孟山都公司和洛克希德公司——然后用我们自己创造的东西来替换这些谎言。换句话说，我们用艺术替换正经的谎言，披头士乐队和迷幻剂就是这种艺术的代表。我们努力做到能够坦承我们的艺术创作是编造的，是虚构的。事实上，创作是编造的，这一点非常重要：我们已经不再处于那个给自我创造赋予开放、无尽和自由权力的时代了（挖掘派1称之为"自由的参考系"）。在过去的那个时代，我们受困于"领结爸爸"制定的社会角色，受制于"发明之母"乐队所唱的"思想警察"，因此我们才深切地渴望这种自我创造的自由。2我们既不会像

1　挖掘派（Diggers），是指英国内战时的一群无政府主义先驱，主张类似于现代概念中的共享主义，他们主张农场应该共同拥有并且一起耕作，且主张共有土地，建立一个平等的小农村社区，因此被称为挖掘者或挖掘派。——编者注
2　"发明之母"是美国20世纪60年代摇滚乐先锋人物弗兰克·扎帕所在的乐队，"领结爸爸"是该乐队创作的一首歌。——译者注

我们的父亲和母亲一样，也不会像让·吕克·戈达尔（Jean-Luc Godard）在他2010年的电影《电影·社会》中所批判的那样：

> 这个角色叫母亲。对她而言，她不会在乎自己生命的有无，也不会在乎生命的意义是否在于自身。她毫不怀疑地认为自己是活着的。她从未有一刻想到自己如何活着，为何活着，以怎样的方式活着。简言之，她不会意识到自己是一个角色。因为她从没有，一秒也没有离开过这个角色。她不知道自己扮演着一个角色。

而这就是我们所知的：我们曾经理所应当地寄居于角色中。但是在那个神圣的时代，旧金山曾是一个有着众多寓言家的费英格主义之城。我们戴上面具，但并没有让任何人屈从于它。相反地，我们坦白地指出面具的存在，并不会假装这个面具有任何的真实之处。人类的生活应该是关于"成为"的，而不是扮演哪一个由世界赋予你的角色。这在当时看来是一种更加健康、自由的，受到更少专制束缚的生活方式。如果秉持这种理念，那么人们不会被轻易地送到越南的丛林中。

但是费英格忽略了一些重要的事。

第一件事是费英格假设文化自身是同质的，因此，在一种文化中故事的传播也是同质的，它们会均匀地分布在这种文化中。他这样认为的原因是，他觉得故事的来源是生物学和物种演化。对于费英格来说，我们的"仿佛"（那些关于什么是资本主义的故事，关于什么是宗教信仰的故事，关于什么是性别的故事，关于什么是成功的故事等）只不过是进化生物学家所说的"适应性"，而非自由。

第二件事是费英格忽略了以讲故事为职业的人，如诗人、作家、音乐家和艺术家。尽管他对科学真理的本质持有离经叛道的观点，其哲学理念的提出是基于小说创作，但令人奇怪的是，费英格一直对艺术的重要性保持沉默。很不幸，这意味着他意识到了小说作家在他之前早就得出了他所提出的结论。特别是小说中的一种传统——我作为小说作家也认可这种传统——它起源于法国一位伟大的反传统者，弗朗索瓦·拉伯雷。

在这本书的第一部分，我将尝试补充费英格书中缺失的部分，并解释一些由我们之中最有影响力的"说谎者们"编造的最吸引人的故事：自由主义经济学家、科普作家、生态学家、城市规划者，还有其他类似的人，他们所讲的许多故事是没有事实基础的"仿佛"。他们把他们的故事说成理性、经验和现实。这实际上也是故事——而且是尤其危险的故事。我将不断提到的观点是，他们的故事都有两个共同点：对自由市场资本主义狂热的信仰，以及习惯于用机器和机械论的视角看待所有东西。简而言之，就是以机器人的角度构想出一个世界。

在本书的第二部分，我将转向讨论科学世界观的另一种可能性——传统。这种传统如今在很大程度上被压制，但它却是从16世纪的拉伯雷那里一直传到今天的。可以说，这是"故事的另一面"。遵循"方法的优越性"这一传统，我们故事中的"仿佛"在一部持续创作的"欢乐颂"中被精心编造出来，就像是席勒创作了《欢乐颂》，随后贝多芬为之谱曲。这些就是费英格的孩子们的故事：艺术家和哲学家的游戏。

目 录

第一部分

当今的理念

> 活在我们这个矛盾已达极限的时代，何妨任讽刺和挖苦成为真理的代言。
>
> ——罗兰·巴特（Roland Barthes），《神话》（*Mythologies*）

> 我宁可没有真理可言，也不愿发现你是正确的，或者你的真理被证明是正确的。
>
> ——尼采

　　就好像一大群各种各样的僵尸——有的戴着帽子穿着鞋套，有的穿着马裤，有的穷兮兮的，只戴了一顶嘉吉种子公司的帽子，有的穿着华尔街精英穿的黑西服，鼻孔周围还有液体变干留下的白色痕迹——以一种带有意识形态的语言讲述过去，这种做法随处可见。上层社会对应精英主义？嗯，是的。加利利人都是古板的决定论主义者？到目前为止，是的。关于种族／阶级／性别的传统刻板印象？啊，那个没错。人不为己，天诛地灭？你说对了。那些金融大牛们都兴奋得不得了，并且准备搞一个新账本。[1]关于民族主义的误解依然在我们

1　我粗略地把它理解为："那些最大的交易商们对扩大他们的投资组合兴奋不已。"

身边以一种无法磨灭的形式存在着。甚至是巴拉克·奥巴马（Barack Obama）也对它们的存在做出了贡献，正如他在2012年就职演说上提到的："每一天，它们都令我骄傲。每一天，它们都在提醒我，能够生活在这个地球上伟大的国度中是多么的幸福。"

尽管这些故事依然存在，但多与当下并不相关，不过是某铁路支线马戏团包厢里的历史怪咖秀。也就是说，它们对于创作、预测未来的新故事没什么帮助——这里的未来指的是必然发生的未来，就像人们常说的那样。现在讲故事的人也颇有新意，他们不仅没有被后辈拍在沙滩上，还获得统一包装，贴上了全新的标签：自由主义经济学家，如泰勒·考恩（Tyler Cowen）；谷歌的技术专家；新无神论理性主义者，如为《科学美国人》（Scientific American）供稿的迈克尔·舍默（Michael Shermer）；甚至还有善于通过纪录片讲故事的创作者，如电影制作人肯·伯恩斯（Ken Burns）——所有这些都促进了对当下的重新叙述。

过去两个世纪，我们创作了很多概念：上帝、道德、爱国主义、开国元勋、军事领袖、财富。我们接下来要说的不是这些，而是新的故事讲述人，未来的掌控者。不论在科学、技术，还是在经济领域，新的故事很快被认同，并被视为理所当然。有些人可能会问："那又怎样呢？""这一切都是源于人类的好奇心与创造力，不是吗？这有什么错呢？"

但至少有两点是不对的。第一点很明显：我们的新故事描绘了一种很强的趋势，世界将被稳定在这样一种状态——世界的秩序将被技术资本主义的需求所主导。第二点则更加微妙：这些故事都基于一种假设，每一件事都能够用机械论的概念来解释，每一件事在某种程度上都是机器人式的。因此，我将第一部分分为五种不同种类的机器人来描述：财富机器人、STEM机器人、佛陀机器人、生态机器人和艺术机器人。它们对应了我们目前看待经济、科学、精神世界、自然和艺术的技术理性视角。

考虑第一部分写作的风格，我试图不把这本书写成评论家们所期待的那样"严肃"——冷静、板着脸、直来直去、带点学术性。在写到"当下的事物"时，我有好几次不得不停下来大笑不止。就像马歇尔·麦克卢汉（Marshall McLuhan）在《机器新娘》（*The Mechanical Bride*）的序言中写的那样，他把这本书写成一本供人们"消遣"的书，他写道：

> 很多人习惯于读带有道德口吻的义愤书，他们可能会误把这本书的消遣性当作冷漠。但是，愤怒和抗议只存在于一个新进程的初级阶段，而当前的这个阶段比初级阶段进步了太多。

的确，我们处在一个超前的阶段。我们在此讨论的东西不会成为我们未来要面对的威胁。它们只会存在于此。但是，我们仍然需要随时把它们达成共识，而且是通过讲故事的方式达成共识。这些故事即便荒唐得让人捧腹大笑，但它们中的大多数却有效地使我们达成了共识。我们现在想要知道的不应该是能否改变技术统治的现状，因为这是不可能被改变的。我们不可能回到从前，过去无处可去。我们想要知道的应该是，现在再通过讲述不同的故事来推动发展是否还为时不晚。一旦我们意识到当前我们置身于其中的故事是多么荒唐——一想到它们，我们就开始大笑——我们就能够宣称，我们已经可以脱离它们了，并且我们还可以做艺术家所做的事：宣称人类可以自由地创造自己的世界。艺术家们等待我们的加入。浪漫主义诗人、象征主义者、立体主义者、十二音作曲家、现代先锋派人物、垮掉的一代、自由爵士音乐家、嬉皮士、后现代主义小说作家、朋克、嘻哈艺人，以及各种形式的独立摇滚者等，所有这些人的创作形式都首先是社会运动，而且是通过艺术呈现的社会运动。

艺术并不要求我们为了在遥远的将来取得某种胜利而在当下做出牺牲。艺术与反主流文化政治令人欣喜的地方在于，它们通过戏剧、美、笑和对幸福的承诺来表达反抗。"通过艺术，我们知道了我们想要什么。"我们知道了我们所说的"自由"到底是什么。我们不仅能够对技术资本主义主导的当下进行反抗，也不会因为"完美的"理想主义状态难以实现而失落。就像谁人乐队唱的那样，以艺术和哲学为起点，我们不那么容易"被再次戏弄"，不那么容易被资本主义者再次欺骗。

这一部分，有些章节的内容很长，有些很短。它们是相互分离的、不连贯的，而且是以不同的风格写成的，从分析式，到讽刺式，再到愚蠢式（希望直到最后，这种情况都很少出现）。还有一些我觉得可以称之为"理想主义散文诗"。本书并不是用单一的学者风格、记者风格、讽刺家风格，或者业界行家的风格写成的，尽管读者可能能够轻易地同时找到这几种风格。如果说书中的语言让你想到任何一种特定的写作形式，那应该就是尼采"快乐的哲学"中的"自由精神"了。这本书同时还向前人和他们的作品致敬，如罗兰·巴特的《神话》和马歇尔·麦克卢汉的《机器新娘》。我会用书中的大部分篇幅实践我宣扬的东西：创造反叙述的形式，并且在那些令人愤怒的、大多数人所认同的、所有严肃文化的基础上开创另一种文化——人类自由地创造自己的世界。这是一本"严肃"的书，也恰恰因此，这本书必须用"玩乐"的方式来创作。

上面说的这些其实是想表达，这本书，同样也是一种"仿佛"，是一种坦白，是有益的虚构。简而言之，是艺术的自由实践。

1 # 财富
机器人

让克隆人去做事吧

20世纪70年代早期，也就是在我就读旧金山大学的时候，我开始和我的两位教授一起下棋。我是个新手，他们是一个俱乐部的初级选手。当然，他们经常赢我，尽管有时我绞尽脑汁可以勉强与他们对抗一阵子。每次输棋之后的重新开局，感觉就好像要求一个败在决斗场上的士兵站起来投入下一场战斗一样。

作为一个偶尔会有些斗志的人，这些输掉的棋局让我知耻而后勇。我开始去学一些基本的开局定式和战术。但后来某一天接近晌午的时候，我在金门公园的树荫下下了一盘棋后，一个朋友对我说："库蒂斯，认真研究下棋没什么问题，但你首先要确保你已经做完了所有重要的事情。"

我的这位朋友是一位年长的诗人，我会不假思索地信任他对生活的直觉。那时我才23岁，我不可能说我已经做完了所有事情——我甚至什么也没做！——因此，我对下棋的兴趣慢慢变淡了。

我用这个小故事开篇，是因为这个故事与泰勒·考恩（Tyler Cowen）这样的经济学家告诉我们的东西形成了强烈反差，如泰勒·考恩的一本书《再见，平庸时代：推动美国走出大停滞》（Average Is Over: Powering America Beyond the Age of the Great Stagnation）中所讲述的内容；这个故事也与保守主义学者的观点相反，如《纽约时报》（New York Times）的专栏作家大卫·布鲁克斯（David Brooks）。他们认为，下棋——特别是在由"智能机器"组成的公司中下棋，在当前乃至可预见的未来，都是人一生中最重要、最严肃、最有影响力的事情。

不过，首先让我先停一下，往回看一步。

考恩及其他人告诉我们的故事是："未来，大部分的工作会由机器人或是'智能机器'来做。"他们反复地讲这些故事是为了创造一种不可避免感。他们还告诉我们，当机器人变得非常普及时，这个世界就不会有任何不公平的事发生了。因为到那时，只有那些最值得获得奖赏的人才会得到犒劳——那些有天分、有才能、受过良好教育、有创造力，并且有能力与机器人共同工作的人。简言之，以机器人经济为主导的未来即将到来，且势不可挡。人们也不应该有阻止这个趋势的想法，因为它将导向一个公正的未来。[1]是的，有赢家就会有输家，但那是美国人的方式，是企业家精神——自力更生，赢者通吃。古老的民间故事总是在描述一个成王败寇的社会，这样的故事流传至今。不管这到底是不是一个民间流传的故事，我们都被要求对其表示认同，并且接受另一种形式的"自愿奴役"——这个概念是由16世纪哲学家埃蒂安·德·拉·博埃蒂（Etienne de la Boétie）首次提出的。[2]

我们很清楚地认识到，已经有不少证据证明，这种"以机器人经济为主导的未来"不是即将到来，而是已经到来。我们并不缺乏证实这个论断的证据。[据说威廉·吉布森（William Gibson）曾经说过："未来已来，只是尚未均匀分布。"]举个例子，在自由行网站盛行的时代，可怜的旅行社变得无关紧要——牙买加巨大的游客集散中心和加

1　在2014年的《纽约时报》"经济景象"专栏中，爱德华多·波特（Eduardo Porter）对技术驱动的经济不平等进行了评论："有时甚至可以在蚂蚁和蚱蜢中发现互助现象。就像最近有位读者发来一封邮件所写的，'那些活该贫穷的人就应该贫穷，那些渴望财富的人就应该富有。公平就是这个样子的'。"波特并没有对这种令人寒心的态度表示赞成——他只是承认了事实确实是这样。

2　《自愿奴役论》，1552。与马基雅弗利（Machiavelli）不同，博埃蒂是第一个意识到，恐惧不足以帮助君主维持权力，而应该引导人们认同他们自己的统治者。

勒比海游轮的摆渡驳船好像自动地填满了游客一样。同样，谷歌比价（Google Compare）和即时比价（Compare Now）也会替代很多保险经纪人，让他们失业。很多工厂已经没有工人，只剩下IT技术巡查团队来诊断应用程序和更换偶尔烧坏的半导体。而且很快，机器人造的车不再需要人来开——谷歌会编写出许许多多Siri这样的自动程序来替我们做这些。甚至，那个正弯腰弓背用笔记本计算机写下这句话的人，你忠实的朋友，也不免担忧——我们读到的报告，越来越像由叙事科学（Narrative Science）[1]这样的公司通过编写算法整理出来的，不论高中棒球比赛概况，还是大数据分析摘要，它们都能写。

那教授呢？慕课（MOOCs）可以同时向上千名学生授课，让教育"民主化"，让世界上少了许多自以为是的专家，节省了纳税人的钱，给历史残留下来的终身教职制度致命一击。而仅剩的那些教授们也会"进化"，按考恩的话说，他们会变得"更像体育教练、私人诊疗师和传道者"。他们不再是学者，而是"激励者"。[2]即使是科学家们，

1　美国的一家自动写作技术公司。——译者注

2　未来的激励型学者会很乐于探索，他们能够从当前的一门称为动机科学的学科中学到与他们的新职业相关的知识。《反思积极思维：探究新的动机科学》（Rethinking Positive Thinking: Inside the New Science of Motivation）的作者加布里埃尔·厄廷根（Gabriele Oettingen）说，动机科学证实"积极思维"没什么用（它会引起自我满足感）。更有效的办法是将妨碍你实现理想的障碍视觉化。换句话说，悲观主义是有用的。可能这个世界最终将适于叔本华（Schopenhauer）这样的人生存。

也不得不改变自己，来适应世界。这个世界是一个复杂的量子宇宙，因此，未来的科学不属于像牛顿和爱因斯坦那样的科学巨头，而是属于"机器科学"。这是一种精密复杂的"官僚主义体制"。考恩认为"没有人能够弄懂其中的方程式"。正如特里·吉列姆（Terry Gilliam）的电影《巴西》（Brazil）中出现的无人机一样，这些无人机并不能理解整个"官僚主义体制"，即使它们就在为其工作。

那么，华尔街的金融大鳄们会怎样呢？我们会想，哦，那当然了，他们是安全的。但事实并不是这样的，即使是宇宙之主也无法掌控这样的世界。因为算法会实现更多交易，同时会极大地减少错误——如像摩根士丹利的交易员豪伊·许布勒（Howie Hubler）那样，因为一笔极其错误的信用违约互换交易而让公司损失90亿美元，把事情搞得一团糟。

在这个高度自动化的时代，产品数量会变多并且价格变得很便宜，机器的高效能会让利润变高。而且，最棒的是，机器人不会要求付加班费或加入工会。当然，它们也不需要茶歇和上厕所。这个世界的理想导师们、新一代的世界级思想家们、那些争着把理查德·道金斯（Richard Dawkins）赶下讲台的人，将会像考恩一样 [他的书名——"再见，平庸时代"——很快变得广为人知，以至于像托马斯·弗里德曼（Thomas Friedman）这样的专业人士都会不标注出处地直接使用这个句子，就好像这个句子是通用货币或常识一样]，不过像考恩这样的人可不止一个。在同类人中，著名的还有埃里克·布伦乔尔森（Erik Brynjolfsson）和安德鲁·麦克菲（Andrew McAfee），《与机器赛跑》（*Race Against the Machine*）和《第二次机器时代》（*The Second Machine Age*）的作者马丁·福特（Martin Ford），《隧道中的光明》（*The Lights in the Tunnel*）的作者雷·库兹韦尔（Ray Kurzweil），《智能机器的时代》（*The Age of Intelligent Machines*）和《奇点临近》（*The Singularity Is Near*）的作者，以及《连线》（*Wired Magazine*）杂志中那些容易激动的作者们，特别是凯文·凯利（Kevin Kelly），他在杂志上的文章《超越人类——为什么机器人将会，且必会夺走我们的工作》受到争议，再有就是之前提到的机器人后援团团长大卫·布鲁克斯（这个人应该不会使你感到惊奇）。然而，应该注意的是，尽管这些书和文章对于未来的就业情况做出了可怕的预言，但这些作者都称自己为"乐观主义者"。

乍一看，似乎没什么值得乐观的地方——在2008年衰退过后的恢复期，大部分产业的失业率依然很高，很多适合中产阶级的就业岗位也并没有恢复到原来的数量。当然，它们也不会恢复到原来的数量，因为节俭的雇主们意识到这些岗位上使用人力成本很高，而且在最开始也不会有很高的生产力，所以企业投资技术来取代人力。这样做的结果，就是我们看到的悲哀景象：过气的技术员和失业的中层管理人员（低层的数据劳工和他们的监管者们）无法回到原来的劳动市场，无法获得与原来等量的工资。另外，这些失业员工们发现，他们处于一种令人灰心丧气的境地——他们不得不与高中的毛头小子和社会底层的少数群体竞争在温蒂汉堡（Wendy's）店翻烤汉堡肉饼的工作，或者与哲学博士及从索马里来的新移民们竞争开出租的工作。不幸的是，在Uber时代，无论哲学博士，还是索马里移民，抑或是经济难民，开出租都不是一个长期维持生计的办法。也就是说，在机器人经济所带来的巨大震荡中，能幸免于难的是那些手机不离手、不打出租车就能在城里到处跑的人。与此同时，与上千个工人阶级岗位一起消失的是关于中产阶级稳固性的幻想。所有的这些不幸都被记录了下来（目前它们的主要作用就是提供一些趣闻以作为这次衰退的证据），而且我们都能够感受到这些失业者和流离失所者的痛苦。

从更加客观的角度来看，劳工部的统计结果虽然低调却令人震惊。美联社的一个自衰退以来的就业趋势分析被广泛引用。

在美国，750万个岗位中有一半在大衰退中被削减，这些岗位所在的行业之前每年为中产阶级支付2.8万到6.8万美元的年薪。虽然有350万个岗位在2009年6月衰退结束后得以恢复，但其中仅有2%的岗位属于中等收入产业，近70%的岗位都属于低收入产业。

美联社还给出了这样一个例子。

韦伯机轮产品公司负责制作转向架制动机的组件，这需要大量的重复性工作。公司最新的雇员是斗山集团的V550M，它的表现非常棒。它能够快速转动130磅（约59千克）的制动轮，就好像在拧一件小孩子的上衣。在转动的同时，它还能把制动轮表面打磨光滑并且钻孔——整个过程流畅无停顿。而且它不需要休假，也不会"抱怨任何事"，卡尔曼公司总裁德伟恩·里克茨这样说。

得益于计算机化的机器，韦伯机轮公司已经连续3年没有雇新的工人了。但即使如此，公司每年依然能多造出30万个制动轮，数量增长了近25%。

正如任何一个经济历史学家会告诉你的那样，这在当下没什么特别的——我们谈论1589年羊毛纺织机代替手工纺织者的未来寓意时也是如此（伊丽莎白女王禁止了这项创新——她担心所有的家族纺织工都会变成乞讨者）。但不同的是，过去的技术工人是被无技术但学会操作机器的工人所取代的。而现在的情况是，小部分受过良好教育且有精湛技术的劳动力（极客们、技术专家们）取代了技术相对欠缺的中产阶级劳动力，这些中产阶级劳动力也因此正在被迫落入无技术劳动力的行列。1995年，能力出众的系统分析办公室主任在面对2013年的景象时会惊恐不已，他会发现如今的系统已经能够完美地进行自我分析，并且不需要人来监管。因此，他便不再拥有具备市场竞争力的技能；同时——令人感到困惑的是——这是他第一次成为过剩人口中的一员。或许这只是市场对工作的又一次创造性破坏[1]，但我们不得不承认这个过程是残酷的。

考恩也预测情况将越来越糟，因为不管你相信与否，智能机器对世界上各种工作的适应不过是处于初级阶段。[2]未来的每一年，机器智能化将越来越强，并且侵蚀更多种类的工作。在机器人保姆的时代，即便是住在离主家仅两户以外距离的年轻女孩都要担心会丢掉她照顾婴儿的工作。

1　奥地利经济学家熊彼特提出了创造性破坏理念，用以解释创新从内部革新经济结构，破坏旧秩序和旧结构。——译者注
2　根据2013年牛津经济学家的研究，在美国剩下的工作岗位中，有47%的岗位容易受到智能机器的影响，特别是食品产业的低收入岗位。

考恩写道：

> 随着发展，劳动力将被分为两类。区分类别的关键问题
> 是：你是否擅长与智能机器协调工作？你的技能与计算机技
> 能互补，还是计算机要比你做得更好？最差的情况是，你在
> 和计算机竞争吗？

当然，在考恩所想象的世界里总是有胜者和败者的，他的重要职责就是告诉我们，谁可能是胜者。在金字塔顶端的将会是那10%到15%能够与智能机器一同工作的人。象棋故事的意义就在于此，那些能和计算机下棋的人，便是同考恩所说的，在未来经济中最有可能成功的那些人是一类人。世界第一的棋手不是俄罗斯人，不是IBM开发的著名的"深蓝"超级计算机，最好的棋手是一个"人类机器人"——一个自带计算机系统的俄罗斯人，这个计算机系统每秒能算出20万种情况，并且偷偷地把计算结果告诉这个俄罗斯人。然后这个俄罗斯人就可以用自己的经验和直觉（计算机不能做到的事）来分析计算机的结果，再做出如何走下一步棋的决定。

与这个棋手类似，未来最好且具有高度互补性技能的劳动力将会是那些"自由式工作者"，他们能够在硅谷、华尔街和当地工厂填

补计算机技能所缺失的部分。这些过去招10000名员工的地方如今只需要13名员工[在《谁拥有未来？》（*Who Owns the Future?*）中，杰伦·拉尼尔（Jaron Lanier）用柯达作为例子：柯达曾经一度雇佣14万名员工，而Instagram在2012年以10亿美元被Facebook收购时仅有13名员工]。

菲利克斯·萨尔蒙（Felix Salmon）于2014年发表在《连线》杂志上的一篇文章中对此深表赞同：

> 我们越来越清晰地认识到，对于一个精明的组织来说，仅仅依赖于数量是不行的。这就是它们向综合性发展的原因——将量化观点与过去的主观经验相结合。如天气预报，国家气象局通过雇佣懂得天气系统变化的气象学家，可以把单纯依靠计算机得到的天气预测结果的准确度提高25%。另一个类似的综合性例子是经济预测，将人的判断与统计方法相结合，可以将准确性提高15%。

媒体上多是像萨尔蒙这样的评论家，他们的观点很少受到批评，因此，他们的观点通常被人们当作是理所当然的。的确，未来机器人将会承担大部分工作，它们对未来的掌控是不可避免的。而且，一种未知的力量将推动半机械人[1]时代的到来，这与政治经济并不相干。这一不可避免的未来就像天气一样，而考恩这样的作者就如同风向标，告诉我们风会向哪个方向吹。当一个政治规划能够像自然原理一样被人们所认同时，这就意味着它是一个非常成功的理念。

所以，不要责备你的孩子整天都在和计算机下棋，当然也不要像我的朋友那样劝告他们说，应该先去做更重要的事。因为这种想法会一直伴随着你的孩子——和计算机下棋是他们最重要的职业训练。

考恩这样总结他关于自由式工作的论述：

> 如果你和你的技能能够与计算机互补，你的工资和就业前景将会非常乐观。如果你的技能不能与计算机互补，那你可能就要想办法解决这个不匹配的问题了。

可能考恩觉得这个问题对于聪明人来说一点就透，但我却觉得有些可怕。[2]

1　Cyborg，即机械化有机体，身体的一部分由机械组成的人。——译者注
2　考恩没有考虑经济的一个旧有部分：已有财富。已经存在的财富将会继续影响未来经济。顶尖人才中最好的1％的人仍会获得吓人的丰厚工资，而且他们还会受益于缺乏监管的金融行业和属于富人的税负归宿（税负归宿是指通过正常减税或其他操纵手段减税后得到的最终税款额度，如通过把钱存到卢森堡的银行来减税）。考恩想告诉我们的是，未来经济将会被技术偏见所扭曲。但是，在一个1％的人获得超过6％的收入的经济体系中，财富不平等会比技术偏见带来更大的影响。所以我们应该把这一点加到考恩的格言中："如果你已很富有，那么你的前途也会很乐观。如果你并不富有，那么你可能要想办法解决这个不匹配的问题了。"继续努力吧！

好吧，我就是个自动化机器，到底要怎样？

——斯拉沃热·齐泽克（Slavoj Žižek）

随从式经济初探

所以，在不远的将来，精英阶级就是这样。那么，考恩又为中产阶级预见到了什么呢？一个词，营销！自我营销！自我推广！他写道："尽管人们关于STEM（科学、技术、工程、数学）领域的重要性有着诸多讨论，但我仍然认为营销是未来经济的重要组成部分。"也就是说，对考恩而言，自己服务于自己才能带来工作机会的增加。营销就是将你自己所能提供的服务推广给高收入人群。佣人、司机、园丁、私人教练、私人指导、保姆、家装设计师……这些工作机会将会留给那些有天分且有动力的人，因为：

有的时候很难向高收入人群卖出实实在在的东西，但还是有一点点空间需要被填补的，以此来满足他们的需求，让他们感觉更好。这些服务可以让他们对这个世界的感觉变得更好，让他们的自我感觉变得更好，让他们的自我成就感更强。

就算是处于政治光谱中两个极端的经济学家（考恩认为他自己同时是保守派和自由派）也大多会同意考恩的描述，即使他们不会同意他的结论。在一篇发表在在线杂志《皮埃里亚》（Pieria）的经济板块的文章中，作者弗朗西斯·科波拉（Frances Coppola）谈到自动化在如何改变着服务业的工作情况：

> 如果你全神贯注地关注一个人一个小时，对于被关注者来说是价值极高的馈赠。从这一角度来想，那些用某种方式"装扮"别人的工作——美发、护理、按摩及其他类似的工作——你会发现当你花钱享受这些服务的时候，本质上是在为一种社交活动付费。那些多种多样的"个人发展"产业也是如此——咨询、私人教练、陪伴购物、形象咨询——当然，护理产业也是一样的。

总而言之，未来的中产阶级将会以服务阶级的形式存在下去。这将会是一个"阿谀奉承"的阶级，他们的工作不仅取决于他们的技术，还取决于他们奉承那些精英及为精英提供快乐的能力。正如大卫·布鲁克斯所说，这将会是一个"迎宾员"的阶级（真是一个刻薄的定位），这个阶级中的人都有"提供高级服务……和阿谀奉承的能力"。

所以这被称为"随从式经济"。你的女按摩师已经准备好为你按背了。[1]

随从式经济不只限于推销专业服务。即使在我们生活中最私人的部分也可以被租赁出去——我们的车，我们的家，还有我们自己。这就是崭新的"共享经济"——你不仅可以把你的车租出去赚钱（Lyft），房子（Airbnb）也可以。你还可以在跑腿兔（TaskRabbit）上注册，然后把自己当作一个拥有高级技术的佣人租赁出去，就像在加州南部的街角闲晃，苦等工作的散工，不过是以在线的方式。

这样的一群工作者是约翰·格拉夫（John De Graaf）所说的"自己当老板"经济模式中最明显的受害者。他们没有公司为其提供传统的工作保障——固定的工作时间、带薪休假、健康保险和养老金——所有这些因雇佣关系而可能产生的风险都被转嫁到了工作者的身上。更糟糕的是，没有工会来代表他们争取权益。自由职业者联盟（Freelancers Union）的执行董事萨拉·霍洛沃兹（Sara Horowitz）正在尝试改变这种情况。她认为，传统的高技术人才曾经是劳动力市场中最具影响力的一

1　一般来说会有"迎宾员"和超级"迎宾员"之分。如果你比较幸运地服务于那些处于前1%的精英们，那么你的工资也会与前1%相匹配。例如，马歇尔·戈德史密斯（Marshall Goldsmith）给福特CEO艾伦·穆拉利（Alan Mulally）提供教练服务，他一天的教练指导费用就高达2.5万美元。富有阶级的自我放纵几乎没什么限制。当富人对自己的资金情况感到焦虑的时候，他们可以咨询"金融诊疗师"。这些人既是诊疗师，也是顾问。金融诊疗师每小时最高收费2000美元，他们承诺将给客户一个清晰的金融诊断，并使客户得到心灵上的平静。他们是不会出于公益心而给那些因为一点钱都没有而焦虑不已的人提供服务的。

群人，但是，"今天，很难说什么样的人在目前这种混乱状态中具有必不可少的技术"。

一开始读到这些的时候，我并不知道该如何对这种即将到来且具有吸引力的时代加以评述。难道这仅仅是自由论者的幻想吗？直到后来，我发现，这种以随从服务为特点的未来景象正在当下的时代发生。

一篇于2014年在《哈勃杂志》（*Harper's Magazine*）发表的文章中，小说家约翰·P.戴维森（John P. Davidson）描述了他在斯塔基国际机构（Starkey Institute）的经历。戴维森进入斯塔基（这个机构被称为"私人服务专业的哈佛"或是"男仆训练营"）就读，准备成为一名"专业的财产管理经理"，让自己够格被那1%的精英中的前1%的人所雇佣。那时戴维森的第一部小说作品还没有卖出去，他需要一份工作。这部小说在2014年出版，但从这段时间里小说图书的市场情况来看，他可能依然需要再找一份工作。他解释道：

> 我卖掉了房子，花了10年时间和很多的钱写了一本小说，可是我的代理还没有把版权卖出去。在这种情况下，斯塔基为学生承诺的年薪10万美元这种诱惑，对我来说太有吸引力了。

在花费大量篇幅详尽描写斯塔基让他产生与日俱增的恐怖感和耻辱感（包括因为紧张而精神崩溃、斯塔基夫人的性骚扰、被导师当作仆人对待的经历，以及毕业后找不到工作的情况）之后，他总结道：

> 最后，如果我听从了斯塔基夫人在毕业典礼上给我的建议，我可能会比现在过得好一些——她认为我应该去达拉斯找个类似于修整草坪的工作。

令人惊讶的是，戴维森的这篇文章现在居然发表在了斯塔基的网站上。

在小城镇中过"大"生活

正如戴维森的文章揭示的那样，不是每一个人都适合服务身价百万的富豪，以使他们自我感觉良好。不是每一个人都能被打造成管家、女按摩师或生活导师的样子。很多人会打破这个模式，就像创造之母乐队中的苏西乳酪在专辑《我们做这个只是为了钱》（*We're Only in It for the Money*）中说的那样："我再也不会给你做宣传推广了。"

当然，未来世界会有很多人没有能力把自己塑造成一个令人称赞的可营销产品。他们可能有蛀牙，他们讲话的方式可能和你在HGTV[1]上听到的不太一样，还可能像这个国家一半的人一样，他们也深陷肥胖的负罪感之中，但是这些都不重要。对于经济学家来说，他们都只是"低技能者"。他们是被"迎宾员"阶级所遗弃的。那么他们会做什么呢？

考恩认为那些处于"收入两极化"（一个精美的、无意义的、奥威尔式的词）不好的那一端的人们，应该好好考虑这样一条生存之路——这条路的关键词是"循规蹈矩"。他的建议是这样的：当高收入精英们抬高"最适宜居住地区"的不动产价格时，那些低收入群体——特别是老年人——将会"很自然地"寻找便宜的地方去住，如得克萨斯州或墨西哥。如果这些人觉得孤单，他们可以用Skype和孙子、孙女聊天。或者，城建部门可以在昂贵的地段周边留一点地方，盖一片由400平方英尺的"小户型"组成的社区，花费大约是2万到4万美元（这些房子大概只比监狱隔间大一点点，有人可能会说，还不

---

1 HGTV (Home & Garden Television 的首字母缩写) 是一家美国基础有线和卫星电视频道，主要播放与家居改造和房地产相关的真人秀节目。——编者注

如监狱便宜）**1**。再或者，这些"低技能者"可以搬到一个临时的地区。例如，巴西里约热内卢贫民窟那样的地方，那里有市政府提供的免费网络，这样居民就可以在Hulu**2**上看电影和电视了。"如果他们愿意的话，我们会允许人们搬过去的。"考恩这样写道，就好像完全不必考虑个人喜好似的。我觉得，这就如同路易十四判人死刑的方式："这个人并不存在于我的视野里。"

不过，即便如此，考恩也理解并不是每个人都会愉快地接受他的建议。

> 很多人会因为这样的言论感到惊恐。你怎么敢提出来让
> 老人们都住到棚户区去呢？也许他们感到失望是对的，即使
> 没人被强迫去住到那样的地方。但有些人可能还是会更喜欢

1　当然，小户型不只提供给那些处于边缘经济地位的穷人们。随着美国城市房屋租金的增长，中国香港的城市住房规划可以成为一个范本；不足300平方英尺的公寓目前在中国香港要卖到80万美元。更令人惊奇的是，一些研究生活方式的未来学家正在想象着这些小户型不仅会吸引经济难民，还会与时髦的环保意识相契合。例如，风滚草小型房屋公司（Tumbleweed Tiny House Co.）提供200平方英尺以内的移动住房，也提供260到874平方英尺的小屋（一些公司回收集装箱铁皮来盖这种小房子）。但是，风滚草公司的设计师大卫·亨特（David Hunt）一定无法忍受住在一所没有某种东西的房子里，这个东西是什么呢？"无线网"。风滚草公司的史蒂芬·韦斯曼（Steve Weissmann）和罗斯·贝克（Ross Beck）也是如此，后者曾评论称他无法住在一个没有"让他能够与艺术和观点相连的互联网"的地方。他们似乎并不在乎物质现实空间的减小，只要他们的虚拟现实空间保证不受损害就可以了。
2　Hulu是美国的一个视频网站。——编者注

住那样的地方。

首先，考恩担心会被吓到的人是哪些人呢？可能是像我这样的人吧，像我这种鲁莽大胆地去批评一件必将到来的事情的人。可能就是这样，但他很有可能想的是那些和他处于同一阶层的人，他相信他们会把这一讨论维持在一定的界限内，并且在特定的重要场合讨论——在小心维护的环境中有那么一些地方供人们对我们文化中的不同见解进行官方讨论。那些他认为不会被吓到的人应该是那些受到影响的人，那些实际上身处恐惧中的人——那些"迎宾员"们和低他们一等的朋友们——那些无关紧要的人。在日渐兴起的机器秩序下，他们都是没有权利选择居住地的人，他们也无权发表对这种秩序的看法。他们的想法和他们自身一样，都无关紧要。

尽管除了借助媒体和辩护人，穷人很少有说话的权利，但也有令人高兴的迹象表明，这一群体不会一直沉默下去——或者说至少在旧金山不会一直沉默下去。在那里，一些一无所有者开始逐渐理解了火象剧院（Firesign Theater）关于西进之路高尔夫球场（Trail of Tears Golf Course）的老笑话："我们正在把他们清出去，来给你们腾地方。"在过去的几十年中，住房价格不断上涨，过去城市里像 Mission 这样不太贵的地段，它们往南几英里的地方现在已经开始中产阶级化，被富裕的科技产业工作者们所占领。伦敦《观察者报》（*Observer*）这样写道：

> 主要的不满情绪几乎存在于旧金山所有人的心中：科技产业让城市的住房价格水涨船高，只有那些有六位数年薪的人才能住得起房子。旧金山的警察们、餐馆员工们和医护人员们都不再住在市里。那些曾经是旧金山标志、由家族经营的特色商店正在陆续关门，因为老板们付不起商铺租金，更别提他们自己的住房租金了。

在这个反主流文化的圣地，极客声称他们是20世纪60年代创造者和反叛者继承人的诡计被拆穿了。一群自称"反抗力量"的抗议者堵住谷歌班车，向硅谷员工发传单，并且向政府递交请愿书。其中一个发给硅谷员工的传单上这样写道："你在穷困、流浪和死亡的包围中享受你舒适的生活，如同你身边的一切，它们都消失在了金钱与成功中。"更有趣的是，班车司机们与抗议者们站在了一起——2014年10月，接送Facebook员工上下班的40名班车司机找到驾驶员联合会，代表他们进行抗议，称他们"付不起一家人的开销"，或是买不起单位附近的房子。考虑他们的自由主义倾向，那些坐在班车里手捧玛奇朵拿铁的谷歌员工们，应该会同情这些抗议者，理解他们对于房租上涨的不满。

　　不过，如果考恩是对的，那么这些人就不会抗议了——他们会把他们的锅碗瓢盆和衣服都摞在床垫上，用绳子绑在他们的1995年款本田思域的车顶上，然后往南开，去气候温暖，租金还便宜的地方，而不是往 The Joads[1]的方向走。考恩预想的东西跟封锁线差不多，在封锁线的另一边，一无所有的人们继续自生自灭，这是人生不可避免的痛苦。他们会越来越接近于哲学家乔治·阿甘本（Giorgio Agamben）所说的"赤裸生命"（Bare Life），即人仅存在于无意义的原始肉体之中。[2]同时，比他们高级的人们将会住在一个由虚拟货币、物联网和社交媒体黑洞等非物质组成的世界里。对于那些有特权住在"理想"位置的人，他们不是在体验生活，而是在"直播"生活。人们会倾向于羡慕那些一无所有者的愤怒，至少愤怒是一种可以由身体真实感受到的情感。

　　对于考恩理论的含义，怀疑者可能会说："你说没有人强迫他们住在位于墨西哥华雷斯有无线网的衣橱里？那如果他们付得起房租的话，你会让他们住在城中心的顶层豪宅里吗？"考恩直接转向玛丽·安托瓦

1　出自美国现代小说家约翰·斯坦贝克创作的长篇小说《愤怒的葡萄》（*The Grapes of Wrath*），该书主要讲述了美国20世纪30年代经济恐慌期间大批农民破产、逃荒的故事。——编者注
2　阿甘本考虑的集中营是这样的，犯人的"粗野生活"脱离了"特例状态"（特例于社会规范的状态）而成为一种规范。

内特（Marie Antoinette）的思维方式，指出人们会调整自己的"偏好"来适应经济不平等。例如，"鱼子酱太贵了，但是戈雅罐装豆子是一个相对便宜、可以满足的欲望"。如果他们不喜欢豆子，那么，就让他们去吃鱼子酱好了！你可以想到这样的言论是多么站不住脚，就好比一个系统分析员因为一台智能机器的出现而丢掉了年入11万美元的工作，而他过去可能的确在一些特殊场合配一杯上好的波尔多葡萄酒吃着俄罗斯鱼子酱。但我是在嘲笑他的话，考恩可不喜欢嘲笑：

> 不要嘲笑豆子的问题：如果我的工资高于全国平均水平，豆子会给我带来更多的快乐，因为我可以加现磨的孜然粉和干辣椒粉与豆子一起煮。

我更喜欢奥斯卡·王尔德（Oscar Wilde）的见解：

> 有时候，穷人因为节俭受到赞扬。但是建议穷人要节俭则非常荒谬而且是侮辱人的，这就好比建议一个饿肚子的人少吃点一样。

欢迎来到工作周？

公正地说，考恩并不一定完全赞同这些新的现实；他仅仅是指出，基于最近的经济、科技和政治趋势，这些新的现实可能会到来。当然，考恩占据了"伦理不可知论"的特殊优势，因为所有这些无论如何都是不可避免的。经济就是这样"进化"的，经济变化似乎就像加拉帕戈斯群岛上雀类的进化那样自然。

如此强烈地大肆宣传时代思潮是非常奇怪的，因为这些观点实际上没什么新东西。考恩所说的就是社会学家口中的社会分层，也就是阶层体系的结构。考恩想要我们相信未来的社会结构将在很大程度上由自由职业者，"迎宾员"和一大群无关紧要的、毫无特点的失败者们组成——如果这些失败者能够像斯巴达人那样适应环境，在如棺材一样的家里靠吃加了孜然和辣椒而变得好吃一点的豆子罐头维持生命的话。未来世界里前15%的那些人，其中的大部分将会是百万富翁。这一阶层的人将会是掌控生产方式的那些人（机器人和其他更传统的固定资本）；他们也可能是高薪管理层，以官僚体制的方式管理那些与他们处于同一阶级、负责设计和操作机器及推销产品的人；他们还可能是有幸因为"技术偏见"而受益的高技术工作者。未来还会有一个店主阶级，这个阶级由服务提供者组成——教练、仆人、指导员等——那些曾被拿破仑嘲笑为"小店主"（Boutiquiers）的人。最后，剩下的那些人——约占50%或60%——是现在正急剧增长的剩余人口，他们中有依赖最低工资或社会保障来生活的人，如老年人、失业的人，还有那些不合身份地住到"上流社会"贫民区里的人，他们会有一个小小的家，有一个更小的电视，还有覆盖全国的免费网络。

很显然，这一秩序中缺失的是工人阶级。考恩所描述的未来经济秩序将会用一个巧妙的魔术，把劳动阶级一下子变成由仆人和阿谀奉承者组成的小资产阶级，他们每天都绝望地依赖着技术精英们过活。他们不会觉得自己和其他服务提供者是一类人，因此也不会结成工会联盟。取而代之的是，这些仆人们将会把自己裹在"自由创业"的舒适毯子里，无论动荡经济多少次告诉他们，他们不过是"不稳定无产者"中的一员。正如马克思在1843年对于小资产阶级社会的描述，它"被无限地拆分成最多样的种族，他们之间会因为心胸狭隘、不怀好意和粗鲁庸俗而相互对立"。这些种族"仅仅是相互忍受着而共同存在"，他们不得不认识到"自己似乎是与生俱来地被主导、统治和拥有的事实"。

这些累积在一起很有可能最终会导致资本主义者意识到他们不再

需要劳动力。[1]在过去，资本主义者需要剩余劳动力来拉低工人的工资水平。但是现在呢？当超级小的机器人接手所能想到的一切工作时，可能就不再需要劳动力了。然后，那些没事可做的人就可以被赶到得克萨斯州的干燥贫瘠的土地上去了。

尽管有这些令人担忧的事情，但考恩及其他人的著作仍被媒体奉为诺斯特拉达姆士（Nostradamus）的预言。那这个预言究竟对不对？这些事到底会不会发生？其他人评论说，不管它对不对，这就是"现实"。对于大卫·布鲁克斯来说，那些受到最大打击的人，将会是那些缺乏自律性，并且没有动力调整自己以适应"现实"的人。可是，全世界的自律加起来也不可能让他们得到一份根本就不存在的工作。人们去公立大学、社区学院和私立职业培训学院进行再培训，他们的努力最后换来的只是学生贷款压在找不到工作的绝望者之上。考恩所描述的经济体系并不是一个精英体系，更不要说是高级精英体系了——它的本质就是一种种姓体系。

希拉尔丁（Girardin）相信，如果人们从工作中解放出来，人们的幸福感会大大增加。他声称，那些靠土地艰难谋

---

1 根据美国城市研究所的数据，无雇员企业的数量自1997年起增长了47%。

生的不幸之人，在本来是他们家园的土地、他们的孩子出生和他们的父亲被埋葬的土地，都被巨型机器手臂挖掘成为工厂，产出的东西都交到不信神的投机者的肮脏的手里的时候，他们将会变得幸福。新的城镇会被建起来，那些因无事可做而被剥夺了继承权的闲人将会住在里面。大的营房也会建起来，人们将杂乱无章地住在一起。当弗莱明人、马赛人，还有离阿尔萨斯人不远的诺曼底人一个个挨着住到一起的时候，他们要用什么来消磨时间呢？

——欧仁·德拉克罗瓦（Eugene Delacroix），1853

无聊得要死的精英

弗朗西斯·科波拉（Frances Coppola）曾写道："当劳动力有技术和较高的教育程度，而劳动力市场却偏向于非技术岗位时，这个劳动力市场是失调的。"这是保守的说法。但从考恩的视角来看，科波拉错误地假设了经济应该用来满足人的需求。毕竟当下的状态是不可能满足的——更不要说那个在不远处等着我们的未来，即使是科技精英们也不过是经济需求的奴隶。这就像是约翰·肯尼迪（John Kennedy）说的那样："不要问你想要什么，要问经济想要什么。"如果你没有选择的权利，不得不去工作，且你必须要有能力与智能机器一起工作来实现经济增长，那么你的命运就已经注定了，即使你精通技术。在考恩笔下繁荣的反乌托邦中，即使是精英，也是被边缘化的——他们是无聊得要死的精英们。**1**

当然，大部分技术专家都不这么看。凯文·凯利在为《连线》杂志撰写的文章中说，我们要接受这样的事实，"机器人比人类强"，并且它们终将替我们完成大部分的工作，解放我们，让我们去做那些我们一直想做的事。按照他的描述，机器人经济将会让我们提出这样的问题："人类的存在是为了什么？"凯文·凯利回答说："人类生来是为了成为芭蕾舞演员、全职的音乐家、数学家、运动员、时尚设计师、瑜伽大师、科幻小说作者，以及名片上各种各样的头衔。"不过他相信，无论如何，这些角色终将会被机器所取代："在机器的帮助下，我们能够扮演这些角色；但随着时间流逝，机器也将会做到这些事情。"凯利留下空间让读者去想象即将被创造出的机器人——在丰田机器人用金属手臂准确演奏莫扎特圆号协奏曲的伴奏下，本田ASIMO机器人

1　通常，大卫·布鲁克斯总想要求新。在2014年发行的《纽约时报》上，布鲁克斯说未来的工作环境将会要求人们不要"冷静，去人性化，或是中性"。就像斯派克·琼斯（Spike Jonze）的《她》中那位西奥多·托姆布雷那样，未来的自由职业者将会是一个"热情"的极客，内心多愁善感；或者像布鲁克斯说的那样："最好的员工是心随手动的。"

表演了芭蕾竖趾回旋。

玩笑归玩笑，凯利提出的问题最重要的地方在于，因机器人代替劳动力而失去可支配收入的人们并不会成为芭蕾舞演员，因为他们去学芭蕾也需要钱，而且是很多钱。凯利无法解释资助这些梦想的资金来自哪里。

所有这些意味着我们将面对充满麻烦，但又不可避免的现实：考恩和布鲁克斯就是要帮助我们为这些做好准备，他们一直坚定不移地将此视为己任。但这不是现实，也不是未来——这是一种社会化叙事，是一个要求我们被迫接受并生活于其中的故事。显然，这并不是一个令人感到愉快的社会想象，可没人能够选择，人们只能接受在巨大的社会体系中被预先设定好的角色，这个社会体系的唯一目的就是创造利润——尽管没有人会愚蠢到认为利润可以成为做任何事的充分理由。和柏拉图的《理想国》一样，考恩为我们提供了一个关于金阶层、银阶层和铜阶层的迷思（一个"高尚的谎言"）。"这是自然秩序"，考恩和柏拉图都这样说，"而且人们应该找到一个适合他们的阶层"。但这个谎言没什么高尚之处，特别是考恩的谎言。因为至少柏拉图认为这些阶层是相互关联、相互依赖的，而考恩则开心地把铜阶层赶到了商业中心的外围——那里是留给多余的人的。

我有很多很多朋友对数字计算机抱有极大的热爱。他们为人不是计算机而非常伤心……我觉得这太奇怪了。

——雅各布·布朗劳斯基（Jacob Bronowski）

美式哥特 2.0

科学和第二次机器时代的经济学家创造了相互联结的社会假象。我们被告知：科学是知识的主要形式。科学告诉我们，我们是肉体机器。所以我们应该和我们的机器人兄弟一起生活，这是合理的。我们被要求做到赞成并承认："当然，未来是属于智能机器的。这是'现实'。这不可避免，因为它已经在进程之中了。我们应该调整自己去适应它。如果我们没有做到，那就是我们自己的错。"我们的赞同态度让这些假象的统治能力变得更合理。于是，我们的命运就这样被注定了。

也有少数人，如杰伦·拉尼尔，看到了这个世界的消极面。拉尼尔的建议是，通过付工资让人们对互联网做出贡献，可以维护中产阶级的存在："付钱给人们，让人们搜集有价值的信息。"但即使是用拉尼尔相对公平的"微支付体系"，也很难想象出那些住在得克萨斯州的过剩人口，有什么可贡献给互联网的。因此，我们都不得不认命：无论自由工作者还是"迎宾员"，我们得在机器人围坐的桌旁找一个位子，这就如同成年人被要求与小孩子同桌吃饭一样。

那么为什么考恩和与他有同样想法的人称他们自己为乐观主义者呢？有什么能把我们从"未来世界危险的不平等趋势"中拯救出来？这些观点的共同之处在于，让新世界变得公平，并且让人们过得还算快乐的关键因素是教育。如果任何社会阶层的人都能够获得高质量的教育，那么考恩的"高级精英体系"就能够实现，那样成功的决定因素就不再会是你的出生地，而是责任心、自我激励和自律这样的良好品质，它们会在你为就业进行准备的过程中发挥优势。

这些词与马克斯·韦伯（Max Weber）在《新教与资本主义精神》（*The Protestant Ethic and the Spirit of Capitalism*）中对卡尔文禁欲主义的描述不仅仅是表面上的相似。就像韦伯在著作中描述的那些领子立起来的WASP[1]企业家一样，考恩并不认为社会阶层是决定收入的最终因素——个人品德才是。这与19世纪晚期普遍接受的智慧很相似，那时私人慈善组织把穷人分成两部分：那些不值得获得资助的人（那些缺乏自律性的人）和那些值得被考虑资助的人（那些有自律性的人）。当

1　WASP即White Anglo-Saxon Protestant的简称，是指盎格鲁撒克逊新教徒裔的、富裕的、有广泛政治经济人脉的上流社会美国人，现在也泛指信奉新教的欧裔美国人。——编者注

然，考恩要求穷人在一个根本没有机会的社会中做到自律，实在是刻薄的嘲讽。**1**

不过显然，这也是美国共和党的智慧之处。他们说："如果你想有饭吃，你就要工作！"那穷人们应该这样回应："如果你们不打算把所有的工作都交给机器人，我们会很乐意去工作的！"当然，几百万美元的前中产阶级者现在也是这样回答的。即使是那些以与机器共事为职业的人——那些在20世纪80年代就预测到了考恩的建议，并且早在那时就已经投身于自由式工作技能训练的人——成为2008年的受害者之一。根据《今日美国》的一个调查，在经济萧条后失业最严重的十大职业中，半导体加工工人排在第十，文字处理工人排在第八，计算机操作员排在第六，排第一的是广告经理，这个工作将会被"迎宾员"阶级所取代，他们会在一个"每一声问候都是为了自己"的世界中为自己进行品牌推广。尽管由20世纪90年代的互联网热潮开启了伟大的"信息经济"，并且为技术精英创造了巨大的机会，但现在的数据中心就像工厂一样，自己就能够运转。考恩说，如果你的技能不能与计算机互补，那么你"可能就要想办法解决这个不匹配的问题了"。而且当你身处其中时，你可能还需要解决计算机技术落伍的问题，因为技术的更

1　参见迈克尔·卡茨（Michael Katz）的《不值得救助的穷人》（*The Undeserving Poor*）。

新周期就像机器本身的更新一样快，大概五到十年就是一轮。

当然，卡尔文主义所宣传的另一种品德也与考恩及他所谓的自由式工作的舒适性相吻合：我们是被上帝选中的孩子；我们生活在一个享有恩泽的时代；我们的财富就是证明。

如果旧的卡尔文主义道德观不能让你相信这种即将到来的情况是合理的，那么历史可能会让你信服。因为历史一直是这样的，如同2013年约翰·格林斯潘（Jon Grinspan）在《纽约时报》上发表的文章《焦虑的年轻人，过去与现在》中写的那样：

> 多年以来，我们总会听到千禧一代的抱怨，以及别人对这一代人的抱怨。他们是大萧条时代的孩子，在童年或是成年时期经历了衰退……认为千禧一代被时代耽误了的观点是没有道理的。即使生活与社会期待有差距，在维多利亚女王时代出生的年轻人也把握住了成长的机遇。

像考恩一样，格林斯潘似乎认为年轻人和失业的人就应该忍受这一切。嘿，这样的事发生在每个人的身上！格林斯潘并不在乎是什么导致了不同历史时代的年轻人不得不面对这种难以描述的无所事事，他只是假设这不过是一种自然秩序。这只是成长的必经之路，就像你爸妈和你说的那样。又或者，这只是死去的一代人的故事的继续——"像噩梦一样在当下这一代人的脑海中上演"。

至少，关于即将到来的半机械人时代，道德考量远远落后于技术的发展。你可能和一个可以帮你擦掉额头汗水的机器人坐在一起共创未来，但是环绕在你周围的道德氛围可能更像是清教戒律，而不是新奇的互联网时代的道德标准。

不要问经济能为你做什么……

考恩的思想里有两个巨大的知识错误（或陷阱）。

第一个知识错误在于，几乎所有经济学家都认同这样一个假设，这个世界上是有一种叫作"经济"的东西存在的。经济学家把经济说得就好像它是一股自然之力，而且这门学科很令人沮丧，就如同预测了飓风的天气预报一样令人沮丧。当他们说"经济"这个词的时候，他们明确指出并不是在谈"资本主义"。就好像人们不会在文明社会中用"资本主义"这个词一样，似乎这个词是社会学家所抱怨的东西，是对劳动者的剥削，或是等同于我们所说的听起来更精致的一个词——"经济不平等"。当然，资本主义是存在的，但它只是一个被用来理解、被用来呼应"市场经济"这个更大的概念的一个词而已。

经济学家不会问这样的问题："经济是用来干什么的？它服务于谁？"但一旦形成了经济是一种自然力量的观点，考恩这样的经济学家就可以继而声称，我们必须服务于经济。就这样，他们将经济原因坚定地列为头等大事。

第二个知识错误在于，未来由计算机和机器人主导的经济秩序将会繁荣发展。尽管企业通过科技创新获得利润，但可以确定的是，智能机器经济长期内不会获利。这是因为一些已经确立的原因。经济学家——从保罗·克鲁格曼（Paul Krugman）这样的自由主义者，到拉里·萨默思（Larry Summers）这样的中庸派，再到考恩这样的自由论者——常常拿来劝服别人的结论是，2008年衰退后的经济增长是停滞的，以"低消费"和"低需求"为特点，将导致价格的降低和利润的减少。尽管技术的高效性提高了生产量，但很难找到买家来购买产品。简而言之，我们非常善于生产没什么市场价值的产品，因为消费者的数量不够。拉里·萨默思把这种情况称为"世俗停滞"：这不像经济跳水那样可以很快地恢复过来，这是一个长期的问题。高失业率和低需求是新常态。而且很快，机器人也会变成无事可做的清闲阶级中的一员。

那么因为没钱而被绑住手脚的消费者如何通过买东西来恢复经济繁荣呢？当精英阶层和中上阶层中那些对价格不敏感的人们随时去买

任何他们想买的东西时，已经有越来越多的人不再按照标签价格买东西了。消费者用团购优惠券在 Overstock 和 Amazon 这样的网站上买东西，并且也更愿意花时间在网站大促销的时候寻找折扣优惠。可如果考恩和其他大部分人是正确的，那么这群非打折不买的人也正在落入日渐壮大的穷人群体中。[1]

我们正接近 19 世纪哲学家夏尔·傅立叶（Charles Fourier）所说的"多血性危机"（Crise Plethorique）——由过剩引起的危机。科波拉还写道：

> 事实上，机器人在供应方面做得非常棒，但它们不知道如何创造需求。只有人才能创造需求——如果大部分人都很穷，满足不了基本的物质需要，经济就会受限于需求的缺失，而不是供给的缺失。尽管产品不会变得稀缺，至少产品稀缺的趋势还没有开始显现出来……但是获得产品的方式是

1　参见广幸田渊（Hiroko Tabuchi）2014 年 10 月 14 日发表在《纽约时报》上的《家庭财务状况可能会抑制节日消费》。田渊观察到，在即将到来的节日季，像凯马特这样的零售商可能会发现很难让中等收入购物者花更多的钱。"专家称，工资停止上涨，加上医疗、儿童医疗、住房和其他必需品的价格上涨，意味着美国人在年底留下买礼物的钱变得更少了。大部分节日季消费来自更富有的购买者，这与经济中其他的不平等相对应。"这种消费衰退的最明显迹象是中产阶级购物者在零售商店的让位，从最北端的希尔斯到最南端的杰西潘妮。

稀缺的。

　　所以这样看来，当经济形势因为工作减少而面临紧缩，人们的实际收入会减少，有效的生产会造成无法被内部和外部需求消化的过量供给。对于政府来说，比较明智的做法或许是，通过设置一个最低工资水平来支撑需求，但这个工资水平要高于基本的物质需求水平。

　　科波拉所建议的是提供一个最低收入保障。她正确指出的这一点，我们已经有了间接的，不断扩充的最低工资法，以防止雇主把工资减少到某一标准之下，同时扩展失业者的福利、食品补助、社会保障、残疾人福利、医疗保障。得益于平价医疗法案的通过，我们有了保险津贴和有史以来覆盖最广的医疗援助。如果失业者福利和其他工资保障无限增加上百万美元，且工作机会不增加——即低就业率变成新常态（就像萨默思所相信的那样）——那么我们所讨论的就不再是失业者福利了。我们应该讨论的是联邦政府所定义的，不管你有没有工作都会提供的最低工资水平和其他服务。所以，即使是像美国进步中心这样的主流组织在它的《包容性繁荣委员会报告》中也显示出了社会主义倾向。这份报告的很大一部分是由萨默思起草的。正如他在《纽约时报》上所发表的言论：

过去研读历史是有意义的，在很重要的一段时间里，中产阶级家庭身上发生变化的一个主要原因是整体的经济增长率。但如今，我们提高中产阶级生活水平努力的成败与否，不仅仅取决于整体的经济表现，而且很大一部分取决于收入的分配。

美国进步中心的报告是对罗斯福新政的一次重要重申，它要求更强大的工会，让劳动者权益获得更好的联邦政府监管、更高的最低工资，以及"世界水平"的公共学校和大学。但这份报告的建议，与考恩这样的经济学家背后的卡尔文主义道德观却如出一辙：减免税收和工资津贴"是给那些努力工作人的奖赏，而不是给低收入者的补助"。

不过，科波拉不这么想。她认为在有着很强生产力和低迷就业率的时期，最低工资保障是唯一有效的解决办法，除非联邦政府要投资一个更大规模的平民保育团[1]，并且打算让它长期运转下去（想想要让这件事通过两院审议有多难）。但是商人们不会喜欢这个方案，因为这样就会证明他们最开始用技术创新获取利润的策略实际上是自我毁灭。

---

1 平民保育团（Civilian Conservation Corps，CCC）是美国在1933年至1942年间，对19至24岁的单身救济户失业男性推行的以工代赈计划。——编者注

她还写道：

  如果往前看，保证广泛的直接工资补助能够长期实现的唯一办法就是对利润和资产收重税——从资本家的角度来看，这种方法反而破坏了降低劳动力成本的目的。

  换句话说，增加商人利润的方法——减少工资或提高机器效率——必然会在长期带来相反的效果：他们要么会因为没有足够的产品需求而不得不承受低利润和破产的风险，要么会因为以保证收入和需求的政府收税而不得不忍受低利润。

  更糟的是，如果不解决这个问题，低需求将会导致在新技术领域更低的资本投入。换种方式说，如果我们不再需要劳动力，我们也就不再需要资本，因为没有可投资的东西——这对于一个自称是资本主义的体系来说是一个荒诞的想法。现在，钱是廉价的，因为投资或其他任何东西所需要的钱比市场上已有的钱都要少很多。不幸的是，在没有生产力的情况下，拿着钱还不如去打桌球，因为这些钱就像房地产这类行业中靠投机逐利的资本一样，将会制造出经济泡沫。所以，当商业不再扩张的时候，就不会再投资新技术和基础建设以增加岗位。

当需求增加时，人们就会去拉斯维加斯，在充满热情的不理智的赌桌旁赌上一把。但我们知道这会是怎样一个结局：一次华尔街的繁荣，同时也是即将被摧毁的繁荣。简而言之，如果资本家们不再使用他们的金钱，他们会把它烧掉，一丁点也不会分给普通人。

也有像大卫·布鲁克斯这样的观察者认为，科波拉想要的不过是财富的重新分配，而努力工作才是正解：

> 在个人层面，学习更多的技术是唯一的也是最有效的提高工资的方法。如今，教育的经济回报比以往都要高……倡导重新分配的人相信现代资本主义从基础上瓦解了。增长将会永远停滞。生产力不会再成为焦点，因为它无法带来可共享的繁荣。
>
> 但他们基于暂时的衰退迹象得出的结论是偏颇的。毕竟现在，工作机会正在被创造出来，工资也显示出回升的迹象。

不过，这种观点忽视了财富和收入的不平等在过去35年间持续增长的事实。每一年公共教育资金都变得愈加不平等，因为财政收入低的州（威斯康星、密苏里、路易斯安那和伊利诺伊）会把教育的重担扔回给居民。[1]在萧条后新创造的工作机会，大部分不能为中产阶级提供保障。收入理想的工作对技术的要求越来越严苛，要么精通STEM领域，要么就回家吧。

最甜美的梦

借由考恩和布鲁克斯这样的聪明人，资本主义正在享受它最甜蜜的美梦。资本主义者梦想着这样一个地方，在这里，富有的人只和他们创造的机器和仆人们生活在一起，产业只生产富人们需要的东西，这里也没有工人和穷人的抱怨声，因为这些人大部分都已经"理智地选择"住到贫穷且气候不好的地方去了。也许这只是一个梦，一个古怪的经济想象，但劳动力统计数据和关于悲惨世界的故事却在证明，这就是现实。

这些聪明人还打了一个赌：他们在赌穷人和占一半人口的低收入人群不知道如何组织起来反抗，特别是他们有电视和Hulu可看的时候。社会孤立与失范——底层人的无力——是资本主义防御他们所剥削的阶级的第一道防线。他们也在赌穷人大多不会知道他们贫穷的原因，就他们目前所知的这些，他们会狂热地支持他们的压迫者提供的

1　参见罗伯特·普特南（Robert Putnam）2015年的书《我们的孩子：美国梦的危机》（*Our Kids: The American Dream in Crisis*），以了解关于公共教育失败的完整描述。

"自由"，特别是被压迫的自由。

资本主义者的机器人梦仅仅证实了他们的梦是所有其他梦的敌人。如果我们希望重获作为追梦者的权利，而不是变成资本主义者梦中的一个元素，我们需要走出第一步，并且像E.E.卡明斯（E.E. Cummings）写的那样告诉他们："我才不会明知故犯。"

阿西莫夫修订版"机器人法令"，第57版，一部喜剧

根据艾萨克·阿西莫夫的小说《我，机器人》，机器人的第一法令是："机器人不能伤害人类，或者通过不作为，让人类受到伤害。"阿西莫夫还考察了关于第一法令的各种复杂的难题。当机器人库蒂发现人类无力创造出一个比他们自己更强的东西——如库蒂——的时候，它把自己的监管人关进了监狱，并接管了一家矿场。（它给出的理由是，它并没有伤害人类，只要它好好地给人类喂食就够了。）

可阿西莫夫应该没有想到一种情形：当机器人看到人类伤害人类的时候（这在我们人类过去五万年的历史中相当常见），它应该怎么做？可能机器人会搬个板凳坐在那儿，礼貌地为双方加油、喝彩。（在阿西莫夫的幻象世界里，地球上是禁止机器人存在的，这对机器人来说可能是件好事，因为据阿西莫夫的描述，它们容易大惊小怪。

所以如果它们不喜欢血腥的场面，那它们还是在一颗专门采矿的小行星上待着比较好。）

阿西莫夫也没有考虑到，当机器人被一群人间接地用来伤害另一群人时，机器人应该怎么做。毕竟机器人能够聪明地根据一连串因果序列进行推理："我夺走了这个软乎乎的粉色东西的工作，现在，这个软乎乎的粉色东西和他妈妈住到一起去了，还吃了好多芝士通心粉，还说他'抑郁'了，意思就是他很伤心，也就是说一些令人困惑的伤害发生在了他身上。让他伤心的是我吗？机器人？"然后这个机器人会做什么？我觉得一个依靠直觉的机器人如果遵守第一法令的话，它会意识到应该去卢德主义[1]者那里，因为他们会销毁一切机器。就像其他一起工作的人一样，"我只是在遵从秩序"，并不会打破它，特别是对于机器人自己来说。

好吧，让我来第一个把这句话说明白：当它们发现自己实际上是在伤害人类的时候，第一法令会要求机器人自杀，去自我销毁，去"毁灭"，去"融化"，如果你喜欢用这些词的话。

去这样做吧，机器人宝贝。这就是法律。

1　卢德主义是指对新技术和新事物的一种盲目冲动反抗，出现于工业革命初期。——编者注

对无批判的批判

在这样的文化中，我们被要求生活在毫无道理的故事里，但我们又不被允许去批判它们——除非批判本身能够证实故事的真实性。

尼古拉斯·凯尔（Nicholas Carr）的书《玻璃牢笼：自动化与我们》（*The Glass Cage: Automation and Us*）就是对我们过度依赖于考恩所谓的智能机器的详细批判。凯尔的批判中一个很棒的部分是现实性：我们所依赖的计算机并不像我们想的那样可靠且高产——很大一部分原因是参与到计算机工作中的人（考恩所说的自由职业者）是"去技术化"且安于现状的。凯尔举了几个例子，阐述了我们对计算机日渐增长的依赖有可能带来的风险，例如，由于过度依赖机器，飞行员会忘记如何操作（特别是在危机情况下），医生会丧失诊断的能力，建筑师再也不能画出设计图。[1]

尽管凯尔担忧我们对数字化过于依赖的后果，但他并没有进一步呼吁放弃基于计算机的经济体系，而是倡导对经济走向进行修正。他不反对计算机、机器人或自由职业者；他只是简单地提醒我们应该把数字技术当作工具，而不是被其所取代。考恩也非常赞同这样的观点。

---

1 凯尔没有提到的使用AI的风险：自动化武器，如英国的自主导引硫磺导弹，这些军事发明会不会培养出不会射击的一代士兵？

凯尔倡导"智慧",用工程师的术语来说,是重新矫正。尽管他并不是卢德主义者。

但这并不是说凯尔不认同卢德主义者的理念,他的评论中除了对于安全性的顾虑外还有很多别的东西。对于凯尔来说,计算机和自动机械带来劳动力的去技术化不仅是无效率且不安全的,同时也是没有人性的。凯尔常常对道德概念,如"自由",提出异议——"自动化总是让我们脱离原本令我们觉得自由的环境"——还有"人性"——"自动化令我们面临最严重的质疑:人类到底意味着什么?"在某些时候,凯尔似乎在用这样的话来回答这个问题:"毕竟,我们是这个地球上的生物。"不过,这话的意思是我们不仅有AI不具备的非物质灵魂,我们还是一个特定世界里的具体化存在:

> 虽然熟悉一个地方需要付出努力,但最终能够收获满足感和知识。除了自我满足,它还能让我们产生归属感,即有宾至如归而非匆匆过客之感。

凯尔抱怨,"在一次又一次的事件中,我们看到机器正在变得越来越复杂,留给人类的工作也变得越来越少"。他担心,"当自动化让我们与工作越来越远,当它挡在我们和世界中间,它将会把艺术性从我们的生活中抹去"。

这听起来确实不妙。但这个论断似乎不太对——或者说，缺了些什么东西。很明显，凯尔的结论是西方人文主义传统的产物。这种传统取自基督教伦理，在康德的"义务主义"中被世俗化，并借由浪漫主义对自由的倡导放大了它的范围。

这让凯尔能够援引特定的伦理价值，并且让它们看起来熟悉且可接受。但是这种传统本身并没有在书中出现，它只是出现在凯尔的脑海中，并且没有明显地确认，用特洛的话说，这种伦理观点依然"存在于没有语境的语境中"。"这一主题"，特洛写到，"被历史用于服务无历史的力量"。而，凯尔用去历史化的批判服务于无批判。

当然，这并不是说，凯尔没有给出理由或证据来表示他对技术的担忧。事实上，在他的这些理由中，他所要表达的含义——他的意图——几乎是不加掩饰的。为了支持他的人文主义批判，凯尔不仅向哲学提出异议，还向科学提出异议。仅是"研究"（"Research"和"Studies"），他在一个简短的章节中就提到了数十次。

> RAND公司脆弱的研究者……详细的分析……RAND的
> 这项研究……RAND研究了……最近发表的研究……曾被用
> 到的研究……"最近研究中的大部分"……现有的研究……

有力的经验研究证实……研究没能发现……一项发表在《健康》杂志上的研究……研究者称……一项关于基础医疗医师的研究称……最近一项关于从纸质记录转向电子记录的研究……在一项老兵管理诊所进行的研究中……在另一项研究中——在一家大型健康维护机构进行的——研究者发现……一项研究称电子记录保持……

　　客观地讲，凯尔对于RAND的研究持批评态度，他相信反对它的唯一方法是借助得到与之相反结论的研究，而不是通过聪明才智从历史中找到可用的观点。因为那样是被禁止的。凯尔所持立场的问题在于，没有经验研究或医学研究能够解释为什么我们要担心失去生活中的"艺术性"。毕竟这样的证据随处可见。

　　西方人文主义传统——以及它对资本主义经济下严格社会控制的明显厌恶——没有在凯尔的书中明确体现，这不仅仅与凯尔本人有关。我们的文化中隐含着对严苛规范的认同：如果你是学者，你可以使用历史和那些观点；如果你是一个发行量小的杂志或报社的编辑，你就不能在书里引用那些历史或观点来引导公众，即使这本书的观点就是关于历史的。所以，你只能用直接或间接证明占统治地位的技术资本主义秩序合理性的方式来进行批判。其实，这种"规范"不需要被明确声明，只要它完全地内化于作者和编辑的心里就可以了。

讽刺的是，尽管凯尔的假设研究是能支持他的论点——或其他任何论点的最好方式，但他所仰仗的这种科学本身，实际上完全依赖于一个令人惊叹不已、充满"仿佛"和"幻想"的世界。凯尔不仅向我们展示了编造出来的科学，甚至还有编造出来的科学家——全新打造的、有质量保证的"人类因素专家"。很显然，这些研究者有着关于"人类因素"的最好的知识——专业知识。而且这一高尚的领域在创造新鲜词汇和时髦用语方面非常娴熟。例如：

经验抽样法（Experience Sampling）

错误的欲望（Miswanting）[1]

去技术化（Diskilling）

技术退化（Skill fade）

自动化成瘾（Automation Addiction）

计算机实用性（Computer Functionality）

衰退效果（Degeneration Effect）

替代迷思（Substitution Myth）

1　误以为得到某些东西就会让我们快乐。——译者注

自动化自我满足（Automation Complacency）

自动化偏见（Automation Bias）

判断力缺陷（Judgement Deficit）

程序化（Proceduralization）

自动化悖论（Automation Paradox）

互通性（Interoperability）

去技术化后果（Deskilling Outcomes）

警报疲劳（Alert Fatigue）

人类分析师（People Analytics）

数据原教旨主义（Data Fundamentalism）

…………

这样的词多得数不清

　　列这个单子让我觉得有一点被程序化、去技术化、疲劳，并且失去了实用性。

　　让我们先把这些伪科学术语放到一边，然后回到凯尔的根本问题上来：人类的厄运来自被自动化剥夺了属于我们的东西吗？我们这些"地球上的生物"所拥有的知识和技能中有哪些被机器否定了？凯尔写道：

知识不仅仅是查资料，它要求有解码个人记忆中事实和经验的能力。要想真正地了解一些事情，你就必须把它编进神经回路中。

令人不可思议的是，这种方式恰恰显示了凯尔的一种思想，他认为人类对智能机器干涉人类事务的反对（与他反对技术的观点相左）是基于科学和神经科学的。用凯尔的话来讲，如果神经科学这个领域把人类大脑当成机器——事实是在这个"回路"中被"解码"。关于这种规范的来源，凯尔告诉我们，"工效学家是我们的玄学家"，或者他强调道，"应该是我们的玄学家"。

听到没有，西奥多·阿多诺。

艺术也要让双手沾上泥土

在最后一章里，凯尔把视线从科学上移开。他将读者的注意力引到罗伯特·弗罗斯特（Robert Frost）的一首诗上，他说诗中有一句让他"总想反复研读"。这句诗出自一首名叫《割草》的诗："真实就是劳动者所知的最美的梦。"

对凯尔而言，这句话使人想起了让双手沾上泥土的知识和道德规范。这说明我们是"特定世界里的具体化存在"的一个例子。这在某种程度上与托尔斯泰（Tolstoy）的观点一致。

他是一个农民，一个在无风的炎热夏天辛勤工作的人……他的思绪都集中在他的工作上——割草时身体动作的韵律，农具在他手中的重量，他身边渐渐堆起的草秆……他的工作就是事实。

但是凯尔写道：

我们几乎不会再去读诗，但在这里我们还是能看到一个诗人对世界的审视可以比一个科学家更加细致入微。早在心理学家和神经生物学家发现经验研究证据之前，弗罗斯特就理解了如今被我们称为"流"（Flow）的东西的含义，以及我们称为"具体化认知"的东西的本质。

当然，如果凯尔和托尔斯泰的看法一致，那么他就不会向"经验证据"求证，而是会采纳这首诗将"工作与生活"（按照赫西奥德的说法）联系在一起的方式。或者，他会援引维吉尔（Virgil）的《牧歌集》，又或者是托尔斯泰所引用的：对宗教信仰的激进式理解。《忏悔录》提到："真正的宗教是一种联系，是人们根据原理和知识，与周遭无限的世界所建立起来的联系，这种联系将人的生活与无限世界连接，并指导人的行为。"这才是讨论弗罗斯特诗歌的正确方式。他可能也会考虑艺术批评家约翰·伯格（John Berger）是怎样谈论歌曲如何栖居于人的身体之中的："它在人的内脏中找到了它要待的地方——在一个鼓起的头部、在一把小提琴的肚子里、在一个歌唱家和听歌人的躯干及下肢里。"

但凯尔并没有像上面所说的那样做，他试着去想象如何将诗人的这部作品与神经科学家的研究结合，以使其被"具体化"。这虽然是个古怪的想法，但不乏有人和他想的一样。2007年，一个叫作乔纳·雷尔（Jonah Lehrer）的科学记者，发表了一篇名为《普鲁斯特是个神经科学家》的文章。在文章中，他说现代神经科学观点实际上很早就已经被普鲁斯特这样的文学家发现了。

然而，把诗人和神经科学家联系在一起的逻辑是非常蹩脚的，它的逻辑是这样的：罗伯特·弗罗斯特有在农场工作的丰富经验，他写了一首诗来描写劳动的情景，继而他理解了"爱……（在）沼泽地堆草成行"。若止于此其实还好，接下来的逻辑就很跳跃了：经验变成诗歌的过程与"我们现在所说的"具体化认知是一样的；而具体化认知就是指在神经回路里发生的解码劳动或诗歌里的神经过程。如果忽视弗罗斯特特别强调要让你去关注的"爱"，其实你会觉得这个逻辑还好。农民不会在沼泽地堆草成行，诗人也不会在沼泽地堆草成行，具体化认知更不会在沼泽地堆草成行，但是爱会。

凯尔会认为爱也在神经回路中被编码了吗？我们现在认为爱是已经被解码了的吗？我们不知道凯尔是怎么想的，因为他干脆忽视了这个词的存在（但你读诗的时候不会忽视它的存在）。对于弗罗斯特来说，爱既不是劳动或诗歌的产物，也不是神经回路的产物。爱不是劳动的见证者，它是被见证的那个。弗罗斯特希望诗歌能够打开关于爱的问题的大门；可凯尔希望通过把爱等同于神经的具体化来关掉这扇门。

当然，神经科学家并不认同凯尔的思考方式。相较于真正的神经科学家，像凯尔和雷尔这样的科学记者反而更容易沉迷于玄学中关于诗歌与神经科学关系的预测。2014年，《纽约时报》科学记者詹姆斯·高曼（James Gorman）写了一篇关于通过核磁共振影像研究思维的论文，他认为他可能在影像中看到了某种"自我"：

> 哲学家可能会说我的渴望与失望（失望就是没有看到"自我"）都来自一种初级的、愚蠢的误解。但我想要看到的

"我"可能来自物理的大脑，这与真实的大脑区域或大脑工作模式是不一样的。

我认为，我和华盛顿大学科学家感兴趣的实际上并不是多么复杂的东西。他们希望看到人的个性差异是否与大脑的结构和活动有关。他们希望获得的关于正常脑活动的那些详细可靠的信息，单纯是出于实用目的。

也就是说，神经科学家并不认为他们"得到了经验证据"来证实弗罗斯特展现给我们的超验经验。（这很明显是超验的：普通的除草动作因为爱和想象而超越了物质存在；因为爱是超验的，爱是使诗人的体验成为可能的唯一条件。）个别过于兴奋的记者可能会这么想，但大多数神经科学家则不会。对于神经科学家来说，诗歌和体验属于"不同类别"。

这也为那些想要以人性为名义批判技术，然后把人性简化到能用技术来研究的批判家提供了一个有力的论点。可这类批判往往通过不把人性纳入考虑范畴来维护人性。

在云端与雪茄盒

凯尔的书与印在2014年10月27日的《纽约时报》上的那三整页广告很像。在第一页蓝绿色的广告上，一个人的眼睛里倒映出装着荧光灯的天花板，眼睛上方有三行大号的白色字体：

技术可以
拯救我们所有人。
前提是我们不要先被技术弄死。

移动设备、社交媒体、云技术及它们所产生的、令人难以置信的、指数级增长的大量数据已经改变了我们的生活和工作方式。事实上，61%的公司称它们的大部分员工用智能设备完成一切工作，从收发邮件，到项目管理，再到内容生产。

尽管这些技术前所未有地提高了我们的生活水平，为我们提供了巨大的创新机会，但它们同时也引出了一个我们必须与之抗争的全新问题：前所未有的、可能带来严重后果的复杂性。

世界可能会变得更智慧，但它并没有变得更简单。

这则广告后面的部分让人越读越怕：

更少的成就……增长缓慢……衰退……我们的时代无法控制的问题……一场瘟疫……涉及面很广……过于复杂……健康问题……压力……信息过剩……遭受痛苦……大量的损失……成本升级……增长的障碍……浪费的时间……无效的活动……

听起来很糟，不是吗？但SAP公司（蓝宝石分析公司的前身）给出了解决办法："尽管技术很显然使问题恶化，但技术同时也是解决办法。这种另类的解决方式基于这样的想法——精密的技术不一定会变成复杂的技术。"

好吧，那我们应该做什么呢？

你，读者，应该"想得简单点"，因为"如果我们把一切简化，我们就什么都可以做到"。

这听起来很棒！但是我到底应该做什么？

"我们建议你到sap.com/runsimple上多读一读我们的东西。"

"好吧"，你可能会这样说，"这真是变得越来越复杂了。我能不能只是买个什么东西来解决问题？"

"当然！"

SAP公司与IBM签订了"云协定"，售卖基于云的商业应用。所以，现在它们会用一大笔钱来买《纽约时报》上三页抢眼且巨大的广告版面。

这个广告传达的想法并不复杂，但也并不简单。它是在告诉你，商业领袖，有些东西是你需要但你可能并不知道的。这不是批判，这是广告，或者用更"复杂"的方式来说，这是《玻璃牢笼》。

哪个她才是真实的她？

考恩的书出版后不久，他口中为自由职业者设计、运转的未来世界被展现在了斯派克·琼斯（Spike Jonze）2013年的电影《她》（Her）中。这是对生活的戏剧化臣服，平庸终结了，人类依靠与智能机器的协同工作能力养活自己，并且与智能机器共同生活。总体来说，电影评论家对于这种一眼看上去勉强合理的主题非常包容：在未来，我们将会和我们的计算机建立深刻的情感联系，我们当中的一些人会爱上我们的操作系统。得益于杰昆·菲尼克斯（Joaquin Phoenix）的杰出表演，琼斯成功地使观众们放下了对主题和逻辑的质疑，全情投入到电影中。大部分观众接受了他的基本思想，而且很多人还把这部电影当作少有的、讨论未来问题的机会，特别是关于未来人类关系的问题。美国电影学会对这部电影表示支持，并提名它为奥斯卡最佳影片。

这里，给不了解电影情节的人介绍一下：故事发生在不远的未来，在洛杉矶（很奇怪，影片中看起来像是现在的上海），男主西奥多·托姆布雷的工作是替其他人写私人信件，他和其他写手一起就职于一家靠情感赚钱，名为"美丽手写信"的公司里，在一幢像仓库一样大的建筑里与计算机一起工作。他马上就要离婚了，虽然他老婆没有移情别恋，但决定要离开他；很显然，她喜欢孤独更胜于和托姆布雷以婚姻的形式待在一起（事实上，她声称他已经"把她丢在一边"了）。西奥多买了一个叫OS1的新操作系统。这个智能系统能够从环境中学习，进而不断进化和适应环境。这是第一代有意识的OS。这是关于雷·库兹韦尔所说的"奇点"的想象。这里的"奇点"指的是计算机的认知能力超越人类的时刻，这一时刻会给人类历史带来怎样的结局并不可知。[1]

日久生情，托姆布雷爱上了这个拥有人的特性的操作系统。她的名字叫萨曼莎（OS系统用一纳秒的时间搜索了18万个名字，然后决定要用这个名字给自己命名，因为自己"喜欢"这个名字。）《她》延续了传统浪漫喜剧的情节，例如，情侣在一起旋转跳跃，在街上仰头跳舞，坐在长椅上欣赏夕阳，互相交换甜言蜜语。唯一不同且新奇的是，所有这些事是托姆布雷一个人完成的，只不过手里同时拿着一个计算机公司设计的手机。独自一个人在城市拥挤的人群中跳舞旋转，你可

1　2014年，微软发布了一组"聊天盒子"系列手机应用。在中国叫作"小冰"，大约有2000万中国注册用户。

以说他是在谈恋爱，也可以说他是在给氯雷他定[1]做广告。

不过，像所有浪漫电影都会有的悲惨结局那样，萨曼莎把托姆布雷给甩了，和另一个虚拟机器人阿兰·沃茨走到了一起。这是这部电影最好笑的一个点。可为什么托姆布雷没有考虑这个问题呢？我猜，我们都因为放下了对科幻的怀疑而忽视了一个问题：他为什么没有想到操作系统的生命周期很短，OS1很快就会被OS ∞所取代呢？

尽管大部分影评人都觉得这部电影具有很强的情绪感染力，但仍有一篇评论对这部电影持保留态度。在这篇发表在《美国周刊》（ The Week ）上的文章中，吕·斯佩思（Ryu Spaeth）认为这部电影"太糟糕了"：

> 对于奥斯卡五项提名都适用的关键要求，包括最佳影片在内的要求，斯派克·琼斯的《她》都没有满足。它不过是把陈旧的故事用一种怪异的方式演了一遍：男孩遇到了操作系统，男孩爱上了操作系统，操作系统为了去探寻人类无法理解的意识深度离开了男孩……
>
> 《她》不得不淹没于语言中，而这些语言却非常的乏味。

1　氯雷他定（loratadine），是第二代的抗组织胺药物，常用于治疗过敏症状。

由于萨曼莎没有形体，无法用低垂的双眼来暗示深刻的感受，无法用颤抖的嘴唇来表现内心的颤动，她的言语冗长，令人恼火。尽管西奥多有很多的形体表达，但他依然被限制在语言的牢笼中，他们的关系被迟钝的语言化渴望与情感所定义：我很伤心，我欲望很强，我很高兴，我很嫉妒，我生气了，我爱上你了……

很抱歉，我只能说这是一块低级的奶酪。[1]

如果你像我一样，一开始对这部电影充满热情，那么评论中提到的这些点就显得非常严肃冷静。这会让你觉得有点尴尬，或者觉得自己有点蠢，因为自己把这团甜糊糊的糖浆一样的东西想得非常好。但是等等，如果琼斯实际上是意识到了这些呢？如果他是成心设计这些古怪的陈词滥调来实现讽刺的目的呢？

然而，琼斯发表的公开评论几乎都证实了斯佩思的批评，特别是他在NPR（美国国家公共电台）的"全盘考虑"节目上接受奥迪·考尼什（Audie Cornish）采访的时候。依照记者的职业习惯，考尼什问了琼斯关于他对"我们与技术的关系"的社会学兴趣。琼斯回答说："这部

1　俚语，在此指具有明显的廉价感。——编者注

电影于我而言是非常注重情感的。你问我这些更理性的问题……这只是故事的一部分而已。而且我觉得你只是表达了你对这部电影的一部分看法。"简而言之，这真的只是"一部过时的爱情故事"。最后，琼斯不断刺探考尼什，让他说出他对电影的感性理解，同时，考尼什想办法促使琼斯透露了更多关于电影中关系的自传式来源之后，琼斯不假思索地给出了一个很笨拙的回答："我觉得我需要给你个拥抱。就这样。"

当然，他们要是没有拥抱那可就糟了。你能听出来。

工作中的琼斯除了多愁善感，还有些别的东西。琼斯在向考尼什描述他的电影时，就像是在讲某种罗夏墨迹测验：

> 我觉得另一件非常令人激动的事情，就像我曾经跟人们讲过的那样，人们对"电影讲的是什么"这个问题的反应是大不相同的。你知道的，有人觉得它浪漫得难以置信，有人觉得它非常悲伤或忧郁，还有人觉得它很吓人，甚至有人觉得它传达了希望。

为了给琼斯多一点支持，我觉得我会很客观地说，这部电影是关于被严格维护的模糊地带的一次尝试。就像约翰·帕德里克·尚利

（John Patrick Shanley）2008 年的电影《虐童疑云》（*Doubt*）一样，琼斯似乎想要尽可能地隐去他自己的道德评判，尽管他把电影中的世界描绘得非常极端。他考虑的是，你怎么看这部电影很大程度上取决于你是什么样的人。所以他让观众去做道德评判。这似乎就是他"作者意图"的有限之处了。只是展示这个未来的世界并且远离它。可不幸的是，这似乎会让电影的含义超越观众的"自我审视"。这个结论比斯佩思的还要更严肃一些。

对于《她》的批判性回应让我想起经常在本科生中出现的逻辑漏洞：观点漏洞（"这本书的意义就是它对于我的意义，我的观点和其他人一样好"）和意图漏洞（"这部电影所表达的含义就是导演所说的含义"）。对于《她》这部电影，琼斯同时出现了这两种漏洞：作者的意图是创造一部含义随不同人的想法而任意改变的电影。

不过，如果我们假设这部电影是逻辑清楚的——而且我们也应该这样做——我们可以像读书一样"读"这部电影，然后认真考虑导演、演员和编辑的观点。那么，这部电影被拍成这样的最重要原因是什么呢？琼斯作为导演的意图是如何与《她》有逻辑地结合在一起的呢？这种批判方式（并不是一个新的方法，它就是直白的新批评主义）使这些情况成为可能，所以就是导演在用讽刺创造含义。

至少以我的观点来看，《她》中有很多讽刺。大部分讽刺非常不显眼，尽管有个别很明显。不过，我们的文化似乎已经对讽刺不那么敏感了：观众没有能力理解表面事物背后隐含的意思，一部讽刺电影就不可能成功。（斯佩思对这部电影进行评论时的问题就在于此——它太书面化了。他似乎认为角色说的每句话都是琼斯所认同的事，这同时也反映了琼斯本人的个性。）一旦意识到了《她》具有讽刺性，你就会发现它是你最近所看的电影中最具讽刺性的电影之一。真是太令人悲哀了。这也意味着，它告诉我们的真相其实比其他大部分好莱坞电影都要多得多。

好吧，我现在承认，"讽刺性"听起来不像是常常孩子气的琼斯会做的事。但依我所见，没有人问琼斯，他是否把托姆布雷的局限性作为影片主要观点，也没有人问他到底是一个同情心的倡导者，还是一个可怜的被讽刺的对象。（杰昆·菲尼克斯让他显得很有同情心，但是电影的结构却让他显得像是被讽刺的对象。）尼采曾写道："为了美丽，万物都必须是可理解的。"但是说《她》是"很感人的"或者说它"具有廉价感"并不能让它变得可理解。总之，不管是哪一种说法，都不过是草率地得出这部电影很肤浅的结论。

所以，让我试着来把这部电影（可能存在）的讽刺性整合在一起，并减少它的模糊性。就像法国电影批判家安德烈·巴赞（André Bazin）那样，我打算假设琼斯是电影的作者（他是导演和编剧），并且假设电影的含义并不等同于它的情节（就像主流电影批评家想的那样），而是在于它的视觉元素结构，也就是由巴赞所说的"镜头之笔"所写下的那些东西。《她》并不是《四百击》（*The 400 Blows*），我知道，但请迁就我一下吧。

开场

托姆布雷正在向计算机口述一封感情深沉的情书："我一直想要告诉你，你对我有多重要。"观众很快就发现，这封情书不是托姆布雷自己的，因为情书的作者应该是一位女性，而且讲的是一段已经持续了50年的关系。所以，观众明白了这是一家叫做"美丽手写信"的代笔公司。

也就是说，电影以讽刺开篇：我们关于这个场景（一个男人在写一封情书）的最初想法与电影想要表达的（一个男人在替一个他从没见过的人写着老套的情书）完全相反。这是剧本"事实"以外的含义：是作者/导演所做的一系列决定中的一个。

还有一个关于这种决定的（视觉）例子。在电影前半部分，当托姆布雷和萨曼莎的感情处于蜜月期的时候，他坐在拥挤的沙滩上和萨曼莎聊天，眺望地平线。但在托姆布雷身后不远处，我们可以看到有一个电厂轮廓的背景。

电厂的轮廓两次进入视线，琼斯似乎想要以此来提醒我们注意这个电厂的存在——重复是为了暗示某些东西是因为特定原因而非巧合才存在于电影中的一种手段。他"选择"了把电厂纳入画面中。而问题在于，为什么要这样呢？他是不是在暗示，尽管看上去无害，但这个世界的背后实际上有一个巨大的、令人生畏的、残暴的力量？就像"美丽手写信"这样的公司背后实际上有着隐藏的力量？这个隐藏的力量维持着城市的灯光和电力机械运转，同时还控制着我们如今将会爱上的东西？又或者这个隐藏的力量是为广告牌提供动力？在电影的后半部分，这个广告牌上突然出现一只巨大的张着爪子的猫头鹰，猫头鹰向着托姆布雷俯冲下来。要想知道这个电厂到底是不是一个隐喻，唯一的方法就是看它是否与电影中的其他元素"押韵"，如那只猫头鹰。

换句话说，电影中出现的每一样东西都是艺术选择的结果。尤其对于像《她》这样的电影来说。这类电影没有"地理位置"，故事情节发生在一个人造的世界里。电影中的每一样东西都可能是隐喻，并且每一样东西都可能与电影的核心含义有关。当然，这在很大程度上也有赖于观众犀利的眼睛和智慧。所以，我们应该一开始就要提出这样的问题：

为什么主角的名字叫西奥多·托姆布雷？

他可以叫其他的名字，比如格兰特·凯里。"托姆布雷"这个姓暗示了人物具有书呆子的特点，"西奥多"这个名则让这种暗示更为确凿。还有，琼斯肯定知道赛·托姆布雷（Cy Twombly）的画，对于不懂艺术的人来说，就像是小孩子用手指乱涂出来的。琼斯很可能也在暗指影片主人公的孩子气和天真。他不只是一个书呆子——他还是一个天真的、容易上钩的人，一个有着幼稚想法的成年人。这与在电影开始时屏幕上显示电影名字的字体相呼应："她"是用小写字母写的，是那种小孩子写得歪歪扭扭的字体。这种对字体的选择是在暗示我们托姆布雷的孩子气和脆弱吗？毕竟，这种稚嫩的笔迹并不会使人想起超级聪明、无所不在的萨曼莎。我等一下还会继续讨论这个问题。

为什么托姆布雷戴了一副角质框架眼镜，还留着小胡子？好像戴了个格鲁乔（Groucho）那样带胡子的眼镜似的。

托姆布雷总是用手把眼镜往上推，这个举动进一步说明了他的书呆子性格。这种眼镜是传统的文化符号，是一种人们早已熟悉的暗示。但这部电影中并没有用明显的口袋保护套来作为IT男的暗示：角质框架眼镜是一个更微妙、更模糊的暗示，特别是当那些明显的暗示已经被城市嬉皮士们变成了时髦装扮的时候。

为什么托姆布雷为一家叫作"美丽手写信"的公司工作？

如果用非常玩世不恭的方式来解释，这里暗示的是在未来半机械人时代贺卡将会发展的方向。这家公司专攻贺卡的情感创作，通过"情感设计师"来增加贺卡的情感因素。很显然，未来人们不再需要具备表达自己情感的能力（如果人们还有一点这样的能力的话），因为将会有专业人士与计算机合作来填补这一空缺。未来，情感只是一项用来填补空无一物的人类形式的内容而已。当然，不仅仅是书和网站需要内容提供者（写手）——人也需要。在这里，随从阶级得以发挥长处——通过帮助富人实现自我满足来挣钱。事实上，要想完全实现考恩描述的情形，计算机应该已经能够通过算法来写信了，而一同工作的人只要负责根据直觉做些修改——让信好歹有一点"人的因素"就行了。

让书呆子去写情书的含义是什么？

这是个好问题。但是需要重申的是，技术宅和数学家设计了非常流行的交友网站OKCupid，所以似乎越来越多的人相信算法能帮他们找到意中人（OKCupid是拉皮条机器人和监护人机器人的集合体）。

为什么托姆布雷写的情书那么悲伤？

这个问题嘛，他的工作是创作未来版的情感贺卡，所以为什么不能悲伤呢？可如果是这样的话，为什么他自己好像也在认真地感受这种悲伤的情感？可能机器人看待人类情感的时候就是这样的，而且能否创作或找到这种微弱的讽刺取决于他是不是学英语专业的。同样，多年以后，他为什么不会看着自己写的东西倒吸一口冷气？为什么他的同事会称赞他的工作？为什么出版商——看起来像是两个灰头发，系着蝴蝶结，对珍贵的东西大惊小怪的霍比特人——那么喜欢他的作品，甚至还把它编成一本书出版？这些长得像猫头鹰的编辑们符合1935年威廉·鲍威尔（William Powell）的喜剧中对书商的偏见，但现在呢？可能只是个笑话了。其实，这在1935年可能也是个笑话。这里需要问的是，为什么在托姆布雷的世界里还会有书存在？我知道未来可能不会再有书，但在2025年，纸质书还没有被人们谋杀掉吗？不过这倒是合乎情理的，因为如果2025年还有书，那就还会有这种用来煽情的废物。[1]

1　在2014年的《连线》杂志中——在一个名为"释放创造力：一个移动宣言"的专栏中——作者写到未来的文学依然会是有创造性的，即使人们在为推特写作："文学小说——一个被选择和把关的传统介质——能够与人们的在线阅读方式成功地结合在一起。"我不喜欢这些"把关人"，就像我不喜欢《连线》杂志一样。但是他认为文学小说将会被推特小说所取代的观点是自利的，而且……你可以把自己的形容词放在这里（我的形容词都太骇人听闻）。《连线》的存在就是为了让我们对未来保持镇静：每一件事都会和现在是一样的，它们只会变得更好，杂志一期又一期地给我们重复着这一点。托姆布雷写的小说对于推特来说有点太长了。猫头鹰般的把关人让它通过了，天知道为什么会这样。所以他通过审查成了文学家。但当他看着手里已经完成的书时，他自己也会感到困惑。他不知道该有怎样的感受，或者应该有怎样的反应。他不知道是应该表示无辜还是应该表示轻蔑。琼斯和《连线》杂志用不同的方式让我们把世界看成一出技术滑稽戏。

当然，观众会想要对这种腻腻歪歪的东西挑眉不屑一顾，我们也会想要远离托姆布雷。毕竟，如果我们对这些情感感同身受，我们自己是不是就变成笑话了？在要打破界限的时候，我们是不是对自己放宽要求，安慰说"我们只是暂时地感受一下，这会儿我想让自己开心一下"？如果其他人，任何人，也被开了玩笑，我会宽心很多，但如果这只被当作一个笑话，那么说明大部分人都没有看到琼斯尖酸刻薄的一面，特别是这个笑话重点要嘲笑的那些人。

对于托姆布雷工作的环境，我们应该怎样解释？

在托姆布雷帮一对老夫妇写完信之后，镜头转向了他们工作的房间，以显示他并不是一个人在工作。那里有一工厂的员工，每人都有一张桌子，都像托姆布雷刚才那样对着计算机口述书信。这让人联想起芝加哥老希尔斯大楼里的那些摄影师们，上百个女员工坐在桌子旁一个接一个手动处理订单——所有人整齐地排成行，就好像工厂地板是个电路板似的。这样的场景令人警醒。它应该是一种恐怖的表达，暗示着在商业中，人们变成了巨大机器的一部分，这里容不下他们的无聊情绪。这种用来帮人们写废话的"写手车间"本身并没有情感，这也意味着这个世界上的人只剩下可以量化的灵魂。

琼斯让我们看到这样的景象，但只是一瞥。如果他让镜头再长一点，或是让镜头向上向后移动，他批判的模糊性就不会存在了，而且这种模糊性在电影中出现得太早。他想要先表现再隐藏起来的东西，已通过精明的手段实现了。

最后，这第一个场景到底传递给我们的是一种怎样的"含义"？还有，最重要的是，这个场景是如何帮助我们理解琼斯到底想要我们如何评价托姆布雷的呢？

关于理解这部电影如何创造含义的最关键的问题是：我们应该怎样看待托姆布雷。我们应该把他看作一个倡导者吗？或者他应该是我们取笑的对象？不管是否值得尊敬，他是我们应该同情的对象吗？换言之，这是一个浪漫喜剧还是一部讽刺剧？或者二者都是？为什么正面评价这部电影的评论只注重它的浪漫元素，而忽视了讽刺的部分？令人感到焦虑的是，如果它被视为讽刺剧，又如果没有人能懂得其中的讽刺性，那它还能被称为是讽刺剧吗？

我的论点是，第一幕中没有任何东西可以让我们得到除讽刺以外的推断。托姆布雷是一个"不可靠的叙事者"。不仅是在电影中，在小说中也是如此，我们都期待叙事者是一个我们可以信任的人。很少有小说或电影的叙事者是个恶人、疯子或愚蠢的人。在读一部以不可靠的叙事者为主角的小说时，读者必须随时对被告知的情节进行补充，因为叙事者是疯的[《洛丽塔》(Lolita)]，或者是非常愚蠢的，他们不能像读者那样可以看清事实[福特·马多克斯·福特（Ford Madox

Ford）的《好兵》（*The Good Soldier*）]。托姆布雷的观点是不可靠的，因为他热切地信任导演展现给我们的一切假的、可怕的东西。所以，如果你想同情他就同情吧，但他确实有点蠢。

但还有另一种可能性——而且这是大师才会使用的手法：我们与托姆布雷有一种身份认同，因为他与我们非常相像，甚至比我们所知的更甚。我们对他抱着批判的态度是因为琼斯强迫我们看到他的讽刺之处。我们对他抱有同情是因为他在某种程度上是一个受害者，就像我们一样。这是一件非常令人害怕的事情：我们觉得自己与被讽刺的人没什么不同，所以这个人是受害者，同时也值得我们同情。

中场

电影放到大概一半的时候，托姆布雷见到了他的妻子凯瑟琳[由鲁妮·玛拉（Rooney Mara）饰演]，两人要签署离婚协议。他们在一家高雅的餐馆吃午饭。（这部电影描绘的整个世界都是给高雅的绅士准备的。的确，这是"平庸终结"后的世界，穷人都已经被送到偏僻的地区去了。）他的妻子恼火且不开心。她似乎没怎么对自己的生活做打算。不像她的丈夫那样已经开始"约会"了。这同样也是琼斯的安排，而不是凯瑟琳的。她没有约会的事实更凸显了她的孤独。她问托姆布雷过得怎样。特别棒！他说。他在恋爱呢。和谁？和一个操作系统，他勇敢地回答。在电影靠前一点的情节里，托姆布雷告诉他的一个男同事，他正在和计算机约会，他的同事不假思索地回答："太棒了。我们一起去野餐吧。把她也带上。"托姆布雷也期待凯瑟琳这样回答他吗？如果他是这样想的，那他就要失望了，因为凯瑟琳的回答是极其轻蔑的。

凯瑟琳在托姆布雷对新恋情的坦白中看到的是自己痛苦、孤独的现实：她生活在一个克隆人的世界。她现在清晰地看到了托姆布雷选择用来取代她的虚拟世界的骇人之处。她发现托姆布雷生活在一个幻想的世界中，那里的所有东西生来就是虚拟的。托姆布雷变成了自己在虚拟现实中的化身。这是整部电影中唯一一处表现出有人对优于人类的机器人的"勇敢新世界"强烈厌恶的情节；在这个世界里我们通过变得虚拟而变成更好的自己（托姆布雷住在云端，住在物联网里，而不是在地球上）。这就是这个情节出现在电影中的原因——凯瑟琳提供了电影中唯一一个人类视角。当与凯瑟琳坐在一张桌子上时，托姆布雷有着对过去恋情的记忆（巧妙地被琼斯操纵）。在这些回忆中，他不仅仅怀念逝去的爱，也怀念在他的记忆中已经几乎不剩什么的人性。

所以，如果我们"读"电影的话，我们应该问：为什么琼斯选择展现这个情节？这对电影的其他部分做了怎样的解释？为什么凯瑟琳是电影中唯一一个恨这个新世界的人？而且为什么观众（如果你坚持，也可以说"为什么我——"）突然觉得非常同意她的看法，仿佛我们最开始明明是自愿搁置疑虑而投入到电影之中的，但现在看来却像是被哄骗着相信这个超级数字化的未来？我们本来有能力思考的是什么？可一旦凯瑟琳消失在我们的视线中，我们就又会回归托姆布雷的角度，担心他将如何在已有的其他一切怪异的烦心事上面再加上这么一段痛苦的回忆。

猫头鹰的场景

这个场景的设置已不能用"微妙"来形容了，而是赤裸裸的明示：巨大的、吓人的猫头鹰俯冲向托姆布雷，把他从人行道上拎起来。场景在电影中出现的时间点非常重要：托姆布雷刚刚得知萨曼莎打算离开他，而且知道了她还有641个虚拟情人。虽然这个场景只持续了几秒，但这是电影中唯一一个展现琼斯真实想法的场景。他认为托姆布雷是脆弱的——是一个猎物——对于他看不到且不能理解的、巨大的、强大的力量来说。他是一个受害者。

这与《虐童疑云》中的场景很类似。在那部电影的大部分情节中，剧作家约翰·帕德里克·尚利巧妙地让我们无法进行判断。我们喜欢布伦丹·弗里恩神父 [由菲利普·塞默·霍夫曼（Philip Seymour Hoffman）饰演]，我们不太喜欢鲁莽的阿洛依修斯·伯维尔姐姐 [由梅丽尔·斯特里普（Meryl Streep）饰演]。但是我们都知道神父虐待儿童是一件真实存在且严重的事情，所以"弗里恩是有罪的还是清白的"成了一个开放式问题。不过，在一个简短的场景中，尚利向我们展示了他对弗里恩的真实想法。在这个场景中，弗里恩与其他神父一起吃饭，组成了一幅贪吃者的图景。那里有雪茄、美酒，他们似乎在撕扯一块看起来沾着血的肉。弗里恩所有的魅力和智慧在那一瞬间都被摧毁了。的确，可能我们对其有罪或无罪的问题还是无法下定论，但如果我们专心看电影的话，我们现在就已经知道答案了。

琼斯说过《她》是情绪化的。我同意。正是这个猫头鹰俯冲向托姆布雷的场景让电影变得感人，而且让观众对托姆布雷产生了同理心。用可笑的突降手法（由庄严崇高突然降至平庸可笑的修辞方法）来表现托姆布雷陷入对操作系统的单相思并不能达到这种效果。因为这种同理心的产生来自托姆布雷是一个无法与反对他的力量相匹敌的普通人，而我们也是。

所以，我的结论是：琼斯让我们想象一个无限同质化的世界，这个世界存在的理由是非常荒谬的。他让我们想象一个科幻世界，在那里人类不会像2014年的电影《皮囊之下》（Under the Skin）里描绘的那样，被一些外星物种或腐蚀性液体杀死。他向我们展示了一个世界，在那里，整个人类物种因为情欲被吸引到了一种统治秩序下，生活得糟透了，每天还得对着手机念贺卡上的陈词滥调。在这个世界中还剩下唯一一个人——托姆布雷的前妻，一个不合群的人，她是这个系统想要抛弃的一个故障零件——我们便同这个人的怀疑和愤慨建立了短暂的认同感，而后我们陷入了缓慢的、自我解构的，但又不可避免的情节中（就像是在一个"故事"中，但也是在一个"阴谋"中），直到走向最终的结论。

用马克思主义哲学家路易斯·阿尔都塞（Louis Althusser）的话说，每个人都曾被置入一个充满僵尸般的书呆子的梦魇世界中——除了凯瑟琳。她，电影中唯一一个可以被认作人类的人，确实是异化的。她为什么如此不同？这没有理由。她只是刚好成了阿尔都塞所说的"坏的主体"。与《1984》[1]中的温斯顿·史密斯不同，她不需要接受再教育。她只是一个小故障——是那种任何一个OS世界都可能会存在的小故障。这个世界是测试版的，所以难免会有凯瑟琳这样的小故障。但这并不需要一个安全补丁来修正她的错误。她可以被忽视，这不会有什么大问题，因为直到下次修正系统的时候再推出一个更加流畅的新

1　英国作家乔治·奥威尔于1949年出版的长篇政治小说。——编者注

版本——World 2.0——就好了。也许她会找到其他"坏的主体"来密谋一些事或和他们恋爱（这最终会导致同样的结果），又或者她只会被不断疏远，然后她会变得非常害怕且难过。考虑电影所暗示的情节，我觉得第二种情况的可能性更大。

最后一点思考是：电影名中的"她"指的会不会是凯瑟琳呢？我们都假定指的是萨曼莎，但是这个名字实际上是模糊不定的。认为"她"指的是萨曼莎，我们就会以一种特定的方式来"读"这部电影，在这种显而易见且无趣的阅读中，我们就会认真地思考托姆布雷的恋情。但如果认为"她"指的是凯瑟琳，那么就会有另一种有趣的解读：异质性、反常、联合在一起的异种人、抗拒等可能性都会出现。

这种具有微妙讽刺元素的电影是琼斯刻意创作出来的吗？抑或《她》只是向技术欲望、老套的浪漫桥段和普遍性愚蠢的一种致敬——就像斯佩思对这部电影的评价一样？如果我是正确的，那么那些对电影中的情感感同身受的人，那些爱他们的手机的人，那些认为未来终将出现虚拟色情形式的人，以及那些被电影深深打动，给它点赞并且加入收藏单的人，这些人实际上是看了一部本来用来给他们提供谴责自己机会的电影。

还有前妻凯瑟琳，这个巴比伦的虔诚俘虏。如果你像我一样认为她是这部电影中的英雄，那么你在读那些表扬这部电影具有情感元素的评论时，你将会有和凯瑟琳同样的感受。你会体会到她的孤单，你会产生与她同样的感受：恐惧感与被抛弃感。

在最后一幕中，托姆布雷给凯瑟琳发了一条像他在工作中写的信那样伤心欲绝的信息。这个场景把我们带回了影片最开始的一幕，那时托姆布雷正在替一对老夫妇口述情书。换句话说，他其实正在给自己写一封美丽的手写情书。通过前后呼应，琼斯实现了有力的结构统一性，并且使他的意图清晰易懂。托姆布雷心中不再有生命的留存，现在的他真正成了"他们之中的一员"，仿佛他的身体已被夺走。这就是琼斯想让我们感受到的，就像凯瑟琳：作为最后一个人类，正在被那些长得像人类——长得像她的丈夫的——异种人追赶。他们正在努力劝她放弃、投降，加入他们，过得快乐一点。

短信刚刚发出去，托姆布雷和他的朋友艾米[由艾米·亚当斯（Amy Adams）饰演]就来到了公寓屋顶上，看夕阳在千篇一律的摩天大楼中间落下去。他们两个都刚刚和他们的操作系统经历了一场令人难过的分手，而且他们都不知道该如何对对方产生心动的感觉，尽管典型的浪漫喜剧剧情都会开始于这样一种情感。我们希望托姆布雷和艾米能够彼此拥抱，最终回归人性，亲吻对方。但这是绝不可能发生的。如果他们亲吻了对方，《她》将会有一个更乐观的结局：是的，到处都是技术，但我们终究是人类；最终，即使有机器的干扰，我们还是能够互相拥抱。但这不是琼斯想要表现的东西，不是他想要留给我们的东西。

这个场景与之前海边的场景（托姆布雷与萨曼莎相恋）相呼应。他和他的手机去了对的地方，但却和人类对象去了错的地方。我们应该把它理解为讽刺吗？令人不安的是，除了凯瑟琳，电影中再没有一个角色看得到这种讽刺性，同样也只有少数影评人看到了这一点。的确，琼斯并没有说清楚这一寓意；他让它保持一种模糊的状态（除了猫头鹰的隐喻）。这样做的后果是让观众完全误解他成为可能，但这却是一种发人深省的方式。这部电影并不是一次罗夏墨迹测试，也不是一次自拍——这是一次"验尸"。我们看到了"尸体"，它的每一个部分都清晰地展现在我们眼前。但我们所能想到只是梳好我们的头发，查一下邮件，然后在Instagram上上传一张新的照片。

天哪！

或许是我的解读方式近似于一次自拍——它反映了我对技术的态度。但是电影里所有这些元素都是偶然出现的吗？当一些事从头至尾如此连贯地发展，评论者一般会认为它代表了艺术家的一些思想。从这个角度来看，《她》不是一部剧情片——它是一部以罕见的结构顺序构成的讽刺剧：它打碎了我们的心。

那么和奥迪·考尼什的拥抱怎么解释呢？那是个恶作剧。如果我们当真的话，被嘲笑的就是我们了。

虚拟现实即将到来，你将会跳入其中。

——法哈德·曼珠（Farhad Manjoo），
"艺术国度"，《纽约时报》，2014年4月3日

2 #STEM 机器人

乐高：解决 STEM 危机的办法！

（美国）各个教育阶段都开始重新重视在STEM（科学、技术、工程、数学）方面对学生的培养，对此出现的争论也众所周知。正如美国前总统奥巴马在2010年说的那样："（我们的）未来能否处于领先地位取决于我们现在如何教育我们的学生——特别是在科学、技术、工程和数学这四个方面。"乐高教育称，成功的STEM教育秘诀并不在于设定统一标准，进行应试教育，而在于发展机器人学。乐高的"基于TETRIX的头脑风暴教育"可以让学生制造机器人，将STEM带入真实生活中，培养他们从实践出发、对科学和数学的长期兴趣。"基于一种易于使用的机器人技术，这一极具吸引力的平台提供了一种鼓舞人心的、全方位的教学解决方案。"

"一个解决什么的方案？"你可能会这样问。为什么要有这么一个应对教育危机的解决方案？这个危机实际上是另一种巧妙的叙事。这个故事声称美国学生在科学和数学方面的准备不足，未来将没有足够的人才来填补苹果、谷歌和其他高科技公司的大量就业机会。这个故事还推理道：这也是为什么很多技术领域的工作机会都流向海外的原因。但是，正如大卫·西洛塔（David Sirota）在新闻网站沙龙（Salon）上令人印象深刻的论证：事实是，美国的大学培养出的STEM学生数量已经超出了美国企业能够雇佣的人数。据西洛塔说，这个危机迷思的真正目的（以及为改革学校课程体系付出极大努力的真正目的）在于"默许"。

> 在最初设计这种教学方法的时候，我们的官员们并没有想到居然会在美国教育体制中培养顺从。这种教学方法教会员工永远不要去质疑他们的工作，或者去要求基本权利，又或者去要求更好的工作环境。

除了像西洛塔这样的批判家，以及很少的教育者和人文主义者对此感到失望以外，大部分人并没有看到这一问题。大部分人看得很实际，认为对STEM的重视只是"一个变动中的世界"所带来的不可避免的结果，这不是会被人操控的结果，就连美国总统也不可能操控它。所以，像西洛塔那样把STEM当作资本主义和科学之间的一个阴谋似乎是臆想，对不对？如果经济越来越依赖于技术，如果未来的工作越来越强调科学和数学能力，那么好吧，这就是我们的孩子该去学的东西，特别是如果教育投入会让一个家庭背上一笔孩子毕业后20年都还不完的巨额债务，孩子们就更应该去学STEM学科了。毕竟，我们的义务不就是"让孩子为未来做好准备"吗？

然而，对于STEM的倡导者来说，科学和数学是经济发展的必要学科这一说法还不足以证明他们的观点。按照西洛塔的想法，如果经济必要性的论断不能冷酷无情，那它就不能成为一个成功的论据。

也就是说，STEM是个被强行推销给我们的观念。

不管STEM是不是被强行推销的，价值观的作用就是通过讲述特定的故事而使人们接受残酷的现实。科学在这个过程中起了重要作用。时下流行的科学界代表人物——科学空想家们——宣称的是，在残酷的、强制灌输的经济必要性论断之外其实还有道德必要性。科学可以使"STEM领域不断得到更多重视"这一现象变得合理，因为科学声称，STEM学科不仅是保证一份体面工作的唯一方式，它们还比其他人文学科更具优越性（他们想说的是更接近真理），而且它们更是比其他包括宗教在内的教育方式不知道要好多少。能证明STEM教育在道德上优于其他教育方式的两个关键词是"怀疑主义"和"理性"。一个思想者应该对所有非理性的知识（宗教、形而上学、艺术）保持怀疑；思想者应该永远努力保持理性，尽管他们从来没有讲过"理性"到底是指什么。这个观点来自最受人们追捧的STEM支持者之一——迈克尔·舍默，他的言论很清楚地表现了这一点。在2013年11月，他曾在X-STEM节上发表了名为"你相信迷思、城市神话和迷信吗？"的演讲。

X-STEM是什么呢？

> X-STEM是诺斯罗普·格鲁门基金会和阿斯利康制药合办的，是一个面向从小学到高中所有学生的一次超级STEM专题研讨会，由一群立志要激发并提高孩子们在科学、技术、工程和数学领域的职业能力且有创见的人进行互动式展示。[1]

1　超级STEM！六年级的孩子听到这个词一定觉得非常酷。就好像转180度从一个野餐桌子上跳下来一样！

总的来说，STEM的经济必要性论断同科学作为怀疑主义和理性主义代表的道德必要性论断已经实现了他们想要的结果，他们所要实现的状态已经被建立起来并获得了证明。我们就好像是像泰勒·考恩笔下的智能机器那样被编好了程序，自动地有了如果我们想要繁荣发展就必须学习STEM学科的想法，我们还很自然地认为学习STEM在任何情况下都是一件好事，因为它让我们摆脱迷信，并实现了人性的精粹之处：理性思考的能力。所以不要拒绝工作时间变长，生活条件变差，世界变得更狭隘，工作内容变得更单调无聊——因为，至少你还有工作而且没有人会相信圣母玛丽的画像会出现在一个烤芝士三明治上面。

欢呼吧！

容易受骗的怀疑论者们

但是，科学并不是怀疑一切，难道不应该是这样的吗？科学只是怀疑那些和它的思考模式不一样的事情。并且，如果说理性意味着"不依赖于未证明的假设"，那么其实科学倡导的那些观点通常并不是非常理性的，难道不是吗？流行期刊和学术研究中有很多可以证明这两点的例子，但很少有人注意到这些，更别说几乎没有人会对此加以评论。舍默为《科学美国人》杂志一个名为"怀疑论者：用理性的视角看世界"的常规专栏撰写文章。在舍默的专栏中有一点引人注目（除了他那令人讨厌而且还没完没了、津津乐道的理性之外），他的言论依赖于未被检验的假设。换句话说，他的非理性也同样引人注目。

例如，在2014年《科学美国人》的五月刊中，舍默称"在有学习行为之前，婴儿的大脑就有对正确和错误的感知"。他用两个证据证明他的观点。第一个来自YouTube上面一个很火的视频，视频讲的是一位攻击者把一个女人从地铁站台上推了下去。有旁观者想要阻止他，但是太晚了。

在那一瞬间，施救者的脑海中有两个神经体系运转起来：帮助一个陷入麻烦中的人或是惩罚攻击者？一个有道德感的灵长类动物该怎么做？

舍默解释道，因为当时列车没有来，旁观者可以选择两件事都做。他把攻击者打晕，然后把那个女人救上来。舍默觉得，这件事体现了我们"多面的道德本性"："善待那些帮助我们和我们的亲人及同类的人，同时惩罚那些伤害我们和我们的亲人及同类的人。"但不要错误地认为勇敢的旁观者会选择去打晕攻击的那个人。因为即使这其中有任何抉择的存在，那么这个抉择也是他的神经系统做的。而他只是一个遵从他神经系统的有软组织的机器人而已。

舍默还引用了耶鲁心理学家保罗·布鲁姆（Paul Bloom）的话。在他 2013 年出版的一本名为《只是婴儿：善恶的起源》（*Just Babies: The Origins of Good and Evil*）的书中。布鲁姆称我们的道德感"与生俱来"，它让我们分清善恶之举。舍默这样描述道：

> 在布鲁姆的实验室里，一个一岁的婴儿观看一个与道德有关的木偶剧。一个木偶把球扔给另一个木偶，另一个木偶再把球传回来。然后第一个木偶再把球传给另一个木偶。但最后这个木偶带着球跑了。看完剧后，实验者让婴儿选择是把"听话"木偶的糖果拿走还是把"淘气"木偶的糖果拿走。和布鲁姆的预测一样，婴儿把淘气木偶的糖果拿走了。事实上，实验中的大部分婴儿都是这样做的。但是对于这些幼小的卫道者来说，剥夺正强化（糖果）并不足以表达他们的道德观。"男宝宝接下来会探过身子打一下木偶的头。"布鲁姆描述道。惩罚在他初期的道德观念里表现了出来。

我想要检验舍默的表述和假设，但首先我必须弄清楚婴儿是如何参与到实验中的。他们清楚参与实验可能带来的负面影响吗？他们会不会在长大后的某一天发现他们对木偶有一种无缘由的莫名恐惧？他们会不会有一天因为某些原因在打某个无辜的小伙伴时突然想起那个"道德败坏"的木偶？我一直认为我们应该告诉孩子："打人是不好的。"但是现在我们似乎应该庆祝"婴儿复仇"现象的出现并且说："当你惩罚做错事的人时，打人是没问题的。"

不好意思，我又忍不住开始讽刺了。

先把讽刺放到一边，舍默轻易地使用"与生俱来""道德本性"及我们的"道德感"这些概念，让我觉得很吃惊。他用这些词的时候就好像这些概念完全不需要解释一样。然而，这些概念是虚构的，或者用费英格的话说，是"恰当的错误"。这些词之所以看上去有意义，只是因为我们很熟悉它们。就像"想象"或"良知"一样，它们替代了那些我们从直觉上偶尔会感知到但却并不知道到底是什么的东西。这些词从理性主义者和科学家嘴里说出来，让人感觉他们在作弊：每件事都必须是经实证/有逻辑的，除了他们自己的假设。预先假设我们"道德本质"的存在，实际上和假设"上帝是存在的"是一样的逻辑。

可能有人认为我对术语吹毛求疵。那我来问个问题：这些婴儿做了什么，或是那个地铁施救者做了什么，让他们的行为堪称是"有道德的"？为什么要用"有道德的"这个词？一个多世纪以来，人们一直有这样的普遍观念（同时也是虚构观念），那就是道德来自熟悉的场景，并且源于照顾和保护人类婴儿的需要。对于此，舍默讲的故事是为了说明："善待那些帮助我们和我们的亲人及同类的人，同时惩罚那些伤害我们和我们的亲人及同类的人。"舍默认为，这个结论不是人类文化发展的结果，而是生物进化的结果。

但是，如果按照他的生物进化逻辑，难道不应该把其他动物的行为也考虑进去吗？如在我经过鸟巢的时候，红翅黑鹂冲下来啄我的自行车头盔，因为我不是它的亲人，而且还可能伤害它的亲人。所以我们应该把它的举动称作是有道德的吗？或者如本杰明·基勒姆（Benjamin Kilham）2013年的书《无路可退：黑熊教我的关于聪明和直觉的那些事》（*Out on a Limb: What Black Bears Have Taught Me About Intelligence and Intuition*）中所写的，黑熊通过惩罚来维护行为准则。就像布鲁姆笔下的婴儿那样，黑熊懂得狠狠地打一下头所带来的价值，但基勒姆知道不应该把动物行为和道德搞混。

因此，做到人类所说的"有道德"其实是在遵从一种自觉的、不断变化的行为准则，这个行为准则是由一个群体共同同意遵守的。流传至今最早的道德箴言[如"普塔霍特普（Ptahhotep）教谕"（公元前2000年）]说明，在道德诞生时，并没有伴随着惩罚或保护，而是伴随着被指责的人和被伤害的人这样的抽象概念，这两个抽象概念将人类互动带到了一个全新的阶段，埃及人称之为玛阿特（Maat），意为"公道""正义"和"真理"。玛阿特表示国家和宇宙的道德秩序。其关键点在于，在玛阿特像格言一样被表述成道德"审判者"时，它才开始存在。但在用相应的语言表述之前，玛阿特是并不存在的。

婴儿是不遵从格言的!

当然，在早期文明中，惩罚和保护并不鲜见，但那时没有玛阿特。作为一个国家大臣，普塔霍特普建议："当你听有诉求的人演讲时，你应该表现得亲切。在他把所有想对你说的话说完之前，不要攻击他。他忍受着错误的欲望，他的心会因欲望实现而欢呼，毕竟他为此而来。"接下来的话更是令人着迷："仁慈的聆听是对心灵的装饰。"

也就是说，原告并不是通过打晕被告来表达愤怒的。原告的愤怒被放在了审判室中。这也是我们的陪审团不能由亲戚朋友组成的原因；他们是由"十二位善良且真诚的人"组成的。我们的文化就是通过这样的协商来实现公正的。如果没有这种原告和被告之间的协商过程，那我们就只能仰仗道德和征服的权利了。

在舍默给出的例子中，地铁里的攻击者可能不会被认为是有罪的，因为在他犯罪的那一刻可能没有意识，或者因为有精神问题而不会被审判。其实，我是在假设大部分把人推下地铁站台的人多少是有精神问题的。舍默将一种近似于民团主义的行为上升到了"值得敬佩"的地步。如果施救者在打晕攻击者之后继续打他，那么除了要送攻击者住院治疗，施救者自己可能也会被指控袭击。更差的情况是，如果店主（或警察）枪击了一个逃跑的小偷，他们可能会被指控谋杀。YouTube 视频里吵吵嚷嚷的人群或许能够说明打"坏人"是在可允许的范畴内的，但是《科学美国人》的读者不应该被这种证据说服。

舍默的结论是："这就是为什么我们国家的宪法应该基于我们的本性。"事实上，我们的宪法不是这样的。另外值得庆幸的是，千百年来人类有秩序的生活使我们拥有了更高级的智慧。这种智慧和舍默想的任何一样东西都不同。道德实际上是人们对进化的反抗，对残忍、野蛮本性的反抗。实现这种反抗实际上是实现人性：当自然进化使人类得以创造出抽象原理时，它同时也使人类有了反抗"适者生存"这一进化"逻辑"的能力。人类文化发展到某一个时刻，我们决定将不再仅仅沿着暴力的路径发展（"靠刀剑"生存或靠古老社会所说的"征服的权利"生存）。

无须多言，这个争论还远未被解决。

舍默思想的错误起始于他的假设，他认为那些被称为道德或公正的东西是存在的。实际上，并不存在这样的东西。用最简单的话讲，普塔霍特普所说的玛阿特是人类互不伤害的共识，是由国家大臣和法老的警卫团强制实施的共识。希腊斯多葛派哲学家伊壁鸠鲁（Epicurus）也得出过同样的结论。他写道："公正并不在于它自身，而在于一个人和另一个人关于不去伤害和不被伤害的合约，这个合约在任何时间和任何地点都有效。"任何宗教和形而上学关于公正本质的言论不过是"空谈"。因此，我还要加一句，这些言论实际上是在说我们的神经系统让我们有了道德。

舍默关于道德逻辑的论述是具有政治意义的，这种政治意义不在于倡导报复性暴力，而在于把关于道德的问题从它的传统倡导者那里（神学家、像普塔霍特普那样的哲学家和艺术家）分离出来。舍默认为我们并不需要这些领域来论证道德，因为科学可以给我们提供更好的、更简洁的答案。所以我们不需要学习哲学来理解道德，而且，噢，顺便说一句，就算把哲学这门学科全部丢掉也不会有什么大问题，因为在未来经济中没有什么赚钱的工作留给哲学家。因此，你应该学习科学、技术和数学——这些领域有真理还有钱赚。舍默可真是个技术界的势利眼（Techno-Philistine）。

这其中隐含的罪恶在于，这些简单的结论本身是在伤害我们的亲人。舍默的理性推断是某种形式的非道德，因为它隐藏了它所造成的伤害。STEM把孩子们都推进了一个高科技经济中，限制了他们在生活中其他的可能性和机遇，同时它还掩盖了这一事实。而且即使是那些在STEM领域里有天分的孩子也会觉得他们像受到惩罚一样被限制了选择。考恩曾直截了当地说过，让你的技能适合智能机器的需要。像舍默这样的美国本土怀疑论者和辩护者先是把陪审团骂了一通，然后又用科学和理性来掩饰混乱的逻辑。

我们不应该被误导。舍默巧妙掩盖的东西，用赫伯特·马尔库塞的话讲，是"一维"。如马尔库塞在《单向度的人》（*One-Dimensional Man*）中写的那样："在先进的工业文明中，盛行着一种舒适、顺畅、理性、民主的不自由现象，这是技术进步的象征。"

> 有特别多的人只不过是在重新组合他们的偏见，但他们却觉得自己是在思考。
>
> ——威廉·詹姆斯（William James）

我早就知道了

我们不需要马尔库塞这样的哲学家来向我们解释我们已经知道的事，这种想法是有点道理的。因为特别是当文化演进到最复杂的层次时，在技术工作者和他们的"随从"中，我们很清楚STEM已经被安排好的事实，而且我们知道机器人正站在我们背后挥舞着一个牌子，牌子上还钉着一个钉子。就像2013年发表的这幅漫画——《未开化的鸡》：

强制我们工作的是一个机器人而不是工头的事实正在凸显出来，漫画家懂这一点——我们看到漫画会笑，说明我们也懂了这一点：像泰勒·考恩和迈克尔·舍默这样的人描述的经济现实是真实的，同时也是残酷的。

但这个漫画也有些问题。与马尔库塞不同，漫画家似乎并不憎恶这件事。所以，如果这只鸡在它画架上创造的艺术从此消失，我们该如何看待这件事？如果没有了艺术会怎样？我们的努力也是一样：如果我们努力创造的东西消失了会怎样？还有，我提出第二个问题只是因为如果我们要站在一只卡通鸡的立场上想这件事，那么我们就不会想到自己的问题。机器人只是迫使我们屈服的力量的简化卡通形式。这看起来是不是像睡前的自我反省？但这并不是反抗，这是默认。它让我们相信，不，你没疯。被机器人统治确实是糟透了，可情况就是这样，这就是事实，就像大卫·布鲁克斯谴责的那样。所以，唉声叹气去吧。[1]

那只鸡在叹气，我们都在叹气……但是我们叹完气还要回去工作。

我第一次看到这只受压迫的鸡是在一个名为"标题浪潮"的Facebook页面上。当时有个人这样回复这幅漫画："我要把它挂在我公司的格子间里。"这个评论者虽然是在自嘲（他知道把这个挂在格子间里实际上是证实了情况就是漫画所说的那样），但他的评论传达了凄凉的信息：他的行为和漫画里的行为一样，都是无意义的。这漫画顺应潮流（顺应这样的思潮：这种创新的经济体系只不过是换了一种自愿为奴的方式），观众也顺应潮流（不然他们就不会看懂这幅漫画），但是，和祁克果（Kierkegaard）的"美学讽刺"一致，这是一种马克·克里斯宾·米勒（Mark Crispin Miller）所说的"顺应至死"。

祁克果的美学讽刺只是通过故意的讽刺和矛盾手法把无聊的东西变成有趣的东西，这与王尔德对那些不幸的花花公子们使用的手段是相同的。但这种讽刺（尽管它很吸引人，让人放松，使人发笑，因为我们通常不被允许抱怨我们的无聊）终究是某种形式的绝望，因为它

---

1 漫画家道格·萨维奇（Doug Savage）在2013年出了一本名为《未开化的鸡：关于生活和鸡笼的生存手册》的书。书中全部漫画是画在黄色便签纸上的。萨维奇称，他整天"在一个巨大公司的黑暗角落编辑着软件手册"。要记得，考恩认为这些是好的工作，这样的工作值得追求。

并不对这种社会性的无聊和压迫负责。而这不仅仅发生在鸡和顺应技术潮流的人身上，它还发生在那些我们有所亏欠的人身上……我们亏欠的是团结、忠诚，或者是关心吗？

这幅漫画对我们有吸引力，只是因为我们是孤立的。换句话说，它对我们有吸引力只是因为我们是失败的。这只是一天内我们的机器给我们的上千个微小刺激中的一个（在这个例子中，这个刺激是Facebook给我们的），而更深层的关注和在乎的态度都被剥夺了。

所以，全世界的"鸡"们，联合起来吧！你不会有任何损失，你只会扔掉你的脚镣！

现实！（大声叫喊）

舍默称他自己用"理性看世界"。事实上，他是形而上学主义者。就像亨利·柏格森（Henri Bergson）在《生活的进化》一文中写的那样，他是这样一群人中的一员，这些人相信"活着的肉体可能会被一些超人类计算机用计算太阳系那样的方法来对待"。他是个机械论者和唯物主义者，也是一个形而上学主义者。柏格森还说："机械论直觉要强于理性，强于即刻的经历……我们每个人都无意识地带有形而上学的思想，这种形而上学有着固定的要求、现成的解释和无法简化的命题。"

　　和很多其他科学理论家一样，舍默看起来对这些现成的解释非常满意。他本人也非常自信地认为他在《科学美国人》专栏中写的那些东西与现实很接近。但他没有描绘现实；他描述的是21世纪物理学家和宇宙学家亚瑟·艾丁顿（Arthur Eddington）所说的"现实（大声欢呼）"。舍默的文章描述的现实符合他为《科学美国人》写作这个事实，毕竟他的读者们会很高兴听到他说：现实是机械的（大声欢呼）。

　　一方面，这些由科学界（一个"专题研讨会"）一致同意的方法所得出的结论，确实不在艾丁顿的考虑范围内。虽然这些结论可以变得"更纯粹"，但它们从来都没能摆脱对这个领域的人的行为和信仰的依赖。例如，科学家依据传统的衡量标准来决定因果关系发生的概率比偏见或机会事件更高——他们用统计学家95%的置信水平来做决定。换句话说，如果一个观点的错误概率不超过1/20，那么它就是正确的。但是这个95%的置信水平和自然无关；它是一种传统，是统计学家之间争论的话题。艾丁顿认为，随着这个"置信水平"的提高，科学将变得更纯粹，但这并不意味着科学就变成了真理。

　　另一方面，艾丁顿完全不认为在科学专题研讨会中有真理存在，他认为那只是"情绪"的表达。他写道："我们在科学中寻找的真理是关于外部世界的，它被提出来作为研究主题，并不与任何有关这个世界的观点联系在一起。"希格斯玻色子被认为是"上帝粒子"就是一个关于"情绪"表达的典型例子。舍默"在神经系统里发现'道德'"的结论也同样是"情绪"的表达。这是现代科学一个关键且容易被遗忘的特点，因为所有关于宗教、机器人、自由意志、创造性、意识、道德等由新美学主义者、狂热鼓吹神经科学的人及像舍默这样的科学记者提出的言论，实际上是艾丁顿所说的"情绪"，而不是"科学的"表达。他们给我们呈现的不是"现实"，而是"现实（大声欢呼）"。

艾丁顿的文章《现实、因果、科学和神秘主义》是一篇伟大且具有启发性的文章，它把科学、哲学，甚至是神灵融合在一起，像舍默这样的科学倡导者是做不到这一点的。艾丁顿认为，舍默的"道德唯物主义"只有在大部分人类经验都被摒弃的时候才有效。他写道："一旦认识到物质世界完全是抽象的，且不存在所谓独立于意识的'事实性'，那我们就会重新确认意识的基础地位，而不是仅仅将其视为无机自然界在晚期进化阶段偶尔产生的某种非必需的复杂事物。"一位科学和宇宙学领域的传奇人物能提出这样的观点是非常令人兴奋的。但是这种观点现在跑到哪里去了？被人遗忘了吗？被禁止了吗？或是变得不合时宜了吗？不过，有一件事是确定的：如果这种观点还存在，那它就会让舍默的"仿佛哲学"变得非常不合理。

对不起，但是我们还在用它

未被承认的假设在英美文化的最高层面发挥着作用。例如，"关于自由意志的永恒战争"，这种假设将科学与人文对立起来。科学的立场认为不存在自由意志——只存在由生物学和神经系统学决定的行为。（一个最佳的例子是，那个地铁站施救者实现英雄主义是因为他的神经系统决定了行为。）在一个构想中[这是一个极端的构想，通常与生理学家本杰明·李贝特（Benjamin Libet）相关]，我们的大脑在我们做出行动前就"知道"我们要做什么。

人文主义者的立场认为，有各种形式的自由意志存在。但这个观点通常会被简化成一种赘言，如"我有'想要做什么'的主观体验。我可以选择。我可以按我的想法做事"。[1]

尽管现实看起来并不是这样的，但实际上应该自证为真的是，这两个概念——自由和意志——首先都是虚构的，而且这两个概念放在一起就更是虚构的。自由意志的概念以一种启发式、临时的方式刺激人们想起某些东西；我们认为我们感觉到了这些东西，而且我们也知道，如果我们想继续生活在我们所说的文明社会（这也是虚构的）中，

1　我的讨论到此为止（不是暂时中止，因为我不打算再回来讨论这个问题），我更倾向于所谓的"相容论"，也就是说神经科学和自由意志可以相容。毕竟这很明显。

我们就需要这些东西。简而言之，这无关对错，也无关有或没有——这只与有用或没用，想要或不想要有关。

科学自身曾一度认同这个观点：我们所认为的现实，实际上是"意识建构"。例如，粒子物理学家詹姆斯·金斯（James Jeans）在他的书《物理与哲学》（*Physics and Philosophy*）的最后一章中，谈到电力和磁力的"现实"：

> 物理相对论表明，电力和磁力并不是真实的；它们只是我们的"意识建构"，因为我们对理解粒子运动所做出的努力极具误导性，所以才会使我们觉得这是现实。

按照金斯的观点，一方面，庸俗的机械论现实观点——认为现实是"被清楚定义的粒子以清晰的方式在空间中存在并运动"，是古板的。另一方面，我们生活的这个世界，这个由相对论和量子物理学开创的世界，并不是一个"是或不是"的世界。就像那个著名的例子——一束光既是粒子又是波，这是一个"同时都有"的世界。金斯引用伯特兰·罗素（Bertrand Russell）的话说：

> 每一种我们可以直接在物质世界中观察到的东西都是发

生在我们脑海里的，并且是由意识事件所组成的，这些事件的发生多少都有主观意识在起作用。但它也是由来自于物质世界的事件所组成的。由这种观点可以推导出这样的结论：意识和物质之间的区别是虚构的。世界上的东西可以被称为是物理的或意识的，或者两者都是，或者两者都不是，随我们怎么开心怎么说；可事实上这些话毫无意义。

科学界是否继续研究，继而认识到这两者的区别了吗？显然没有，特别是当相关的科学家恰巧是一个自由主义倡导者和"TED"演讲名人（如舍默）的时候。（给不了解的人解释一下，TED是指技术、娱乐、设计演讲。）科学倡导者继而讲述了一个过时且虚假的故事，而他们这样做其实与他们自己的思想发展史相悖。

如果西方世界的人们要继续参与到我们共同创造的文明社会中，那就必须坚守这样的观点——我们有选择好或坏的自由。这样想来，自由意志的概念是必要的。毕竟把自由意志这个想法与道德、法律和惩罚这样的意识形态联系在一起，尤其是当我们的社会以"财产"概念、职业道德和偿还债务为基本准则时，这个讨论就会被无休止地复杂化。在英国，几个世纪以来，欠债的人被送进监狱，小偷因为偷了帽子而被送上绞刑架。虽然他们的犯罪行为被称为是根据自我意愿进行的，但促使他们做出这种行为的情境本身就是不公正的。即便假设被称为"自由意志"的东西是某种独立存在的事物，可它也无法脱离错综复杂且具有强制性的社会情境。

然而，很多评论家在探讨自由意志的时候却完全不考虑社会情境。例如，在2012年8月《科学美国人》的"怀疑"专栏中，舍默试着让人们用选择牛排套餐或三文鱼套餐的方法来测试自由意志是否存在。舍默和其他讨论者认为这个测试得出的结论是一个已经确立的观点，而不是归谬法中的假设。[1]舍默的观点是原子论的：自由意志与相互无关联的选择行为有关；它不受人类社会的历史变动和发展的影响。在舍默看来，没有任何行为与历史或有意义的情境有关。顺着这样的想法，舍默为"机器人道德这一新兴领域"做好了铺垫。在这一新兴领域中，当马上要撞车时，机器人汽车必须选择刹车或急转弯，而机器人士兵必须决定是否要使用它的武器。

从科学的观点来看，自由意志要么是虚构的，要么就是能用某些科学术语来描述的。事实上，即使它只是一个虚构的东西，科学也应该可以描述它，因为建立虚构在某种程度上与自由意志驱使的行为是相似的，它们都属于意识的范畴。（现在，有一门学科叫习惯神经科

---

1 这个牛排和三文鱼之间的艰难选择——而不是选择芝士通心粉或汉堡——证明了尼采的观察和结论，那就是"自由意志是统治阶级的创造。"

学；估计离建立虚构的神经科学也不远了。虚构的神经科学会去研究神经科学的虚构吗？）当然，对任何行为进行科学描述是可能的，因为在这些行为中总有一些东西是可测量的。例如，当一个人感觉有必要在牛排和三文鱼中做出选择时，可以捕捉这个人的脑部核磁共振影像，测量他的心率，做消化液分析，获取主观体验的统计数据等。除此之外，科学越来越依赖散文体的语言、概率和猜测——所有这些都是"仿佛"。但这都不是科学声称它应该是的样子——即使它就是这样的。

> 你一定要记住，当科学成为一个已经完成的项目时，即成为一个计算机程序化的项目时，它就不再是科学了。
>
> ——雅各布·布鲁诺斯基

科学所讲述的最荒诞的故事就是，因为科学有"理由"或"理性"，所以才能够向自由意志这样的伪宗教概念宣战。那么，我的问题是：为什么理性不是由生物决定论者决定的？为什么理性在我们意识到它存在之前就已经存在于我们的大脑中了？不，宣传科学教义的人把理性当作他们的徽章，一个能够显示他们比其他任何他们所鄙视的非理性事物都要优越的奖章。理性的观点是有优越性的，它因为自己高于信仰、爱和自由意志这样的空洞概念而感到骄傲。这是一个超凡的象征物。理性是唯一一个免于受到理性批判的概念。当局者说："事情就是这样的，因为我们这些地位优越的人是这样说的。"然而，认为理性是真理，自由意志是虚幻的言论，只是当局者言论的另一个说法而已。

大声欢呼吧！

为什么不这样看待这件事呢？我们可能不完全理解"自由"是什么或它意味着什么，但这并不意味着人们会停止对它的渴望或停止为它战斗。正如黑格尔所说，我们对自由的渴望源自我们的精神。我们选择自由，因为一种已经存在的热情。我们已经做出了选择；我们已经做出了承诺。我们要追求它，即使我们不知道它是什么。就像"'76'意志"[1]一样，自由是一个我们已经甘愿投身其中的故事，"仿佛"我们的生命就依赖它而存在。而且很显然，我们的生命的确依赖它。我们并不完全理解自由含义的事实并不会改变任何事。这就是我们想要的东西（既是我们缺乏也是我们渴望的）。自由是事关人类存在的赌注。

与此同时，尽管科学批判自由意志，并且有着关于理性的幻想，但我们依然不敢放弃自由意志和理性这两个概念，因为，对不起，文明社会还在用这些概念。

我们还没放弃它们呢。

1　哈维漫画《青蜂侠》（Green Hornet）里一个虚构的漫画人物。——编者注

安慰神秘主义者们

著名生物学家爱德华·威尔逊（E. O. Wilson）在《哈勃杂志》2014年9月刊上发表了关于自由意志的重要言论。[1]威尔逊对科学即将解决意识 / 自由意志的问题（他自认为正确地将这两个概念混为一谈）非常乐观。他提供了几个不同的可能实现的解决方案。但不幸的是，就像一个抛接杂技演员发现他的球凝固在了半空中一样，他的结论似乎是：不管它们之间的冲突如何，所有的方案都可以引向真理。

威尔逊以一种古怪的言论开始了他的论证：

> （神经科学家的）任务是发现意识的物质基础，自由意志便是其中一部分。没有任何一种对科学的追求比追寻人性更为重要。

我觉得这是一种古怪的开头，但也是流行科普作家一种典型的宣言。说"意识"的一个部分叫作自由意志是很令人费解的。在哲学中，

1　这篇文章修改自他的书《人类存在的意义》（*The Meaning of Human Existence*）中的"自由意志"一章。

这被称为"没有区别的区别"。我们所讲的并不是"原子的一部分是电子"这样的结论，也不是"脚的一部分是脚趾"这样的结论。你不可能说这两个概念是一样的，同时又是不一样的。这会让你觉得像是一个信仰三位一体教义的人在描述上帝如何既是一个神，又是三个神。简而言之，威尔逊在这里所做的这些区分一点也不科学。天晓得它们到底是什么，但可以肯定，它们不是基于经验规律进行因果分析而得出的结果。自由意志并不是意识的一部分。

威尔逊说科学家在为意识/自由意志寻找物质基础，但他并没有花费力气定义这两个概念。尽管我们都有运用词语的经验，也知道他们所说的惯例是指什么，但是科学并不应该起源于习惯或惯例。"意识"和"自由意志"这样的词是通用的"钞票"，是国家通行的"货币"，然而它们并不是科学研究中的一个客观事物，除非这两个词能有个定义，让我们多少懂得我们在追寻的是什么东西。可事实是，它们没办法被定义，因为它们不是事物，它们是虚构的，是有用的，是可以根据需要改变的虚构品。

对于威尔逊来说，这些概念要想被应用于科学中，并不一定要求它们是基于经验的。因为科学方法不仅仅是一种方法；它也是一种道德。威尔逊是一个科学家，这一简单事实给了他引用科学的道德权威，特别是当他所关注的东西并不符合经验研究过程的时候。而这在科学宣传者（或"科学传播者"，他们更喜欢被这样称呼）中已经成了约定俗成的事，即对任何类型的事都进行立论，同时仍觉得他们所依赖的方法是有道德的——即便这个方法不是道德的，而且也不可能是道德的。更糟糕的是，和其他由等级制度强加的道德一样，科学的道德权威享有一种"无可置疑"的特权。所以，质疑科学界研究自由意志的权利，不是进行自我反省，而是冒天下之大不韪，这将会激起众怒。

而且，为什么说意识的物质基础是最重要的科学"追求"呢？我会认为《星际迷航》（*Star Trek*）最重要的任务是探索时间的流逝，但发现意识的物质基础为什么会成为最重要的科学工作，而且是为了人性的未来所做的科学工作呢？它与什么相比才显得更重要？这不是科学，更不是哲学。这只是逻辑不严谨的一段闲谈罢了。

接下来，威尔逊声称，最近意识成了哲学的一个问题，但是哲学并没有解决这个问题，于是科学接手了这件事。在他的书《符合》（*Consilience*）中，威尔逊写道："哲学，这个凝视未知的学科，是一个正在萎缩的领域。而我们的共同目标是尽可能地把哲学变成科学。"所以，他成了以理查德·道金斯、劳伦斯·克劳斯（Lawrence Krauss）和史蒂芬·霍金（Stephen Hawking）为首的憎恨哲学的科学家们的一员。

我不觉得"哲学的历史归根结底是由失败的大脑模型组成的"这样的话过于严苛刺耳。

　　他用的词是"归根结底"（Boiled Down），可能"烧干锅底"（Boiled Dry）是一个更准确的词。但哲学的历史主要就是建构大脑模型的失败经历吗？当你成为像威尔逊这样的知名科学家时，你会把任何跃入脑中的话都说出来吗？又或是会重申一种偏见，并且期望别人严肃看待你的言论吗？让我们把这件事讲清楚：哲学从没有对大脑产生过兴趣。它曾深入探究过心理或精神（这与黑格尔的主旨一样），并且曾深入探索过理性（Vernunft）和理解（Verstand）的区别。康德确实曾提出过一个关于理解的分类模型——他在《纯粹理性批判》（*Critique of Pure Reason*）中提出过一个叫"先验演绎"的粗略框架——但这个与大脑毫无关系，特别是当我们并不确定大脑到底是什么的时候，我们更不能说哲学是在构建大脑模型。难道大脑不只是由好多骨头组成的骨架中一个约3磅重（约1.36千克）的核桃形软组织？如果没有神经系统，大脑只不过是一个有褶皱的坚果罢了，那么大脑这个概念包括神经系统吗？细菌在肠道中生产出了80%的神经递质血清素，那么大脑这个概念包括这些肠道吗？大脑包括被康德称为"感性的直觉"的刺激物吗？[1]不过，威尔逊所说的哲学做得最为失败的地方恰恰就是指哲学从未做过的事。

威尔逊认为，哲学无关紧要这一观点也包括对后结构主义/后现代主义的习惯性蔑视。对于科学"传播者"来说，鄙视德里达（Derrida）、福柯（Foucault）或一切说法语的人（就像道金斯笼统概括的那样），似乎是用来证明他们崇敬智力的一种方法。如果你不攻击后现代主义者（不管这些人到底是谁），那么在道金斯、史蒂芬·平克（Steven Pinker）、山姆·哈里斯（Sam Harris）和丹尼尔·丹尼特（Daniel Dennett）的圈子里，人们就不会听你讲话。但无论怎样，威尔逊要表达的其实是下面的意思：

（后结构主义者）并不认为用"简化论"或"客观主义"研究大脑的研究者们最终会成功地解释意识的本质……但他们为了证明这个观点，神秘主义者们（他们有时被这么称呼）会指出感质的问题，感质是指我们在接收感官刺激时产生的微小的，几乎无法表达的感觉。

1　威尔逊对于哲学的观点局限于最近时兴的"大脑计算理论"，这个理论认为大脑是一个计算机，意识是运行的软件。这不是哲学，这是对AI极客的臣服。如果说这就是哲学的历史，那么就是在说哲学其实只有25岁而已。如果威尔逊所想的是大脑的计算理论，那么他就该这么说。

我并不想做坏人，但这个观点是无恶意的，它只是事实而已。他想的还能是谁呢？他想的当然不是雅克·德里达（Jacques Derrida），尽管他应该想着雅克·德里达。可德里达又曾在什么时候被称为"神秘主义者"呢？我知道20世纪60年代有支乐队被称为"问号和神秘人物"。我初中时曾经听着《96滴眼泪》这首歌跳过舞。但是我记得乐队队长，"问号"鲁迪·马丁内斯（Rudy Martinez）说，乐队的哲学导向是笛卡尔主义（这个乐队最初的名字叫"存而不论和笛卡尔主义者"）。

请原谅我的轻率。但这是对这些乱七八糟的言论的一种对抗手段。

认为后结构主义者对感质有浓厚兴趣的想法是非常荒唐的。大卫·查默斯（David Chalmers）——他看起来像是20世纪60年代摇滚乐队成员——和麦克阿瑟天才奖及2014理查德·道金斯奖的获得者丽贝卡·纽伯格·戈德斯坦（Rebecca Newberger Goldstein）写了很多关于感质的文章。他们不仅仅是哲学家，还是认知科学家和数学家，但完全不是后结构主义者。

威尔逊想要讨论的是欧文·弗拉纳根（Owen Flanagan）的书《心理的科学》（*Science of the Mind*）。弗拉纳根从20世纪60年代乐队的名字那里学来"神秘主义者"这个词，并且对它进行了批评。他说新神秘主义者这个词像是库尔特·冯内古特（Kurt Vonnegut）编造出来的。

他用这个词攻击像柯林·麦金（Colin McGinn）和前面提到的查默斯这样的哲学家。

我简直无法相信这些令人费解的东西，居然是由一群名人所创造的。

其实这都是些愚蠢可笑的错误，威尔逊的言论也不例外。他谈论哲学的方式是特别典型的"科学传播者"的方式。他们和常见的保守派脱口秀主持人的逻辑是一样的：如果你总是在说某件事，那么那件事就会变成真理，如果用斯蒂芬·科尔伯特（Stephen Colbert）的话说，就是变成"真实的"。威尔逊谈论哲学的时候就好像他在报道便利店外的一次闲谈一样。

抛弃哲学之后，威尔逊乐观地认为神经科学会"解开意识的谜语"，并且"会很快找到解决方法"。他粗略地描述了得到解决办法的过程，大部分方法都需要对"未完全进化成为人类的物种"进行细致的神经系统比较。好吧，这样很好（如果你不介意达尔文主义者的观点——人类达到了生物进化的最高程度），但很显然，这样的研究可以让我们更好地理解大脑结构，但并不能让我们对自我反省的能力有更好的理解，如"我是谁？'我'代表着什么？我应该怎样生活？"等。

而威尔逊也坚称：

意识是一幅显示了我们对于我们碰巧所占据的连续体中
各个部分之间交互关系认识的地图（我要强调这个词）。

科学的确可以绘制出大脑的地图，而且这些地图非常有用，尤其
是在用于医学的时候。但除此之外，威尔逊的言论其实是唯物主义者
的信条，并且这些信条来自那些把科学唯物主义称为宗教的人。意识
并不是地图，尽管它能凭借地图而存在于它试图起作用的这个世界。
然而，"这幅地图显示的并不是它的领土"。

文章谈到这里，威尔逊不再仅仅讨论核磁共振影像所展示的东西，
而是用了一个他在很多书中都用到的一个他最喜欢的明喻：人类社会
是类似蚁群的社会生物体（威尔逊是精通与蚂蚁类似的一切事物的世
界级杰出专家）。

把神经系统想象成一个高度组织化的超级有机体是非常
有用的，基于细胞组织的劳动与分工，身体为这个体系提供
主要的支持。如果想要做个比喻的话，蚁后和为她提供支持
的一大群工蚁，以及它们之间的关系就是一个很好的例子。

每一只工蚁独立看是没用的……整个系统指导工蚁在某段时间内，在一个或两个任务上实现专业化，然后再以一种特定的顺序改变系统，使工蚁随着年龄增长实现不同的专业化劳作，如从照顾幼蚁变成建造蚁巢或从守卫变成寻找食物。如果综合来看所有的工蚁，你就会觉得这是一个杰出的体系。

TED演讲的流行就是依赖于制造这样的比喻。的确，威尔逊拿了2017年TED大奖。尽管在TED大会上演讲的科学家不需要明确地承认资本主义自由市场（尽管他们中的很多人像舍默那样承认了这件事），但只要暗示他们的思想与自由市场思想是"相符"的（用威尔逊的术语来讲）就可以了。事实上，TED将科学和自由主义经济融合，并且以娱乐的方式卖给我们，从而拥有了令人瞩目的影响力。

的确，威尔逊通过把神经系统比作蚁群的"有效假设"来为他的一概而论正名。但尽管他声明这只是一个比喻，这种做法还是非常危险的。现在，让我们来看一看这个比喻暗示了什么。首先，自然或自然中的蚂蚁，有着像工业社会一样的结构，愚蠢的工蚁承担了相应的愚蠢功能，整个有机体也因此得以成功运转。"这个体系由天才设计，由笨蛋运转。"其次，人类大脑的组织形式和蚁群一样；都有无数个组成部分，每一个部分独立来看是无用的，但如果放在一起就变成了一件伟大的东西——人类大脑。最后，潜意识的暗示是：如果蚁群和大脑在结构上相似的话，我们是否应该对这样的想法表示惊奇，即同样的模式也可以应用于人类行为的其他方面？毕竟，威尔逊的"社会生物体"理论认为行为特点是通过遗传获得的，并通过自然选择而得以优化。尽管没有人会把一个半导体工厂误认为是美国佛罗里达收获蚁的蚁巢，但人们会觉得它们的基本行为特点是相似的：由能力有限的个体运营复杂的组织系统。正如威尔逊在他的小说《蚁巢》（Anthill）的序言中说的那样："蚂蚁和人之间当然是天差地别，但二者的基本组成是类似的。因此，蚂蚁可以成为我们的比拟物，我们也可以成为它们的比拟物。"

一旦"局部应该理所当然地服从于总体"这个概念被人们所接受，它就会对人类社会产生非常深刻的影响。美国的经济结构不就是这样的吗？几年前，一些经济学家在解释全球化的时候就用了和威尔逊一样的比喻。他们说在经济全球化过程中，应该有一些"头脑"国家，它们负责进行思考、理论建构及其他脑力劳动，同时还应该有"身体"国家负责提供苦力。就像是一个蚁巢或大脑，全球化经济的任何一个部分都无法脱离整体而存在。更简单点说，大自然是由各个部分完美组织起来的，我们的大脑是由各个部分完美组织起来的，我们的经济也是由各个部分完美组织起来的。也正是这些组织让你成了你，无论你是工厂里组装电熨斗的一个工人，还是硅谷大企业里上千个聪明的软件开发者之一。

我们被含蓄地告知："忘掉那些疯狂、神秘的后结构主义者无法抑制的焦虑吧，忘掉他们说的感质和其他任何他们说过的东西吧。你是经济体系的一个组成部分，就像自由意志是意识的一个组成部分一样，这样的观点是说得通的。这很好。这是最好的解释。科学会告诉你为什么是这样的。整体和部分的逻辑是有道理的，因为它就像蚁群的生活方式那样自然。所以你应该心满意足地去做那些你的组织认为你最适合做的事情，并且随时准备好根据组织的需求改变职业。就像工蚁可以把职责从护卫变为觅食一样，你也应该能够变通。如果在前四十年的工作生涯中，你是办公室经理，一个住在奥涅狄格的中产阶级，那你就应该接受在你工作生涯的后几年里，在加尔维斯顿做巨无霸汉堡。"也就是说，威尔逊的比喻其实是把总体的不平等自然化了。

可威尔逊有明确说过这话吗？并没有。如果你问他这个问题，我觉得他会说这不是他的本意。而且他会用一大堆貌似合理的解释来否认。我这里不是在责备威尔逊，只是让我感到有所忧虑的是，科普作家和自由主义经济学家们想要讲述的故事，是有价值观取向的，而且是与这样的观点相呼应的。这些故事演变成我们文化里在解决每一个问题时都习惯使用的谚语。而讲这些故事的人聚集在加州蒙特利TED

大会上，为生活在技术当道时代的我们，提供心智上的庇护。[1]

威尔逊把我们从神经科学引向生物学，并且为我们提供了关于意识／自由意志的两种不同表述，但是他并没有到此为止。在文章的最后一部分，他把人类看作讲故事的人，在过去五年左右的时间里他也一直在推广这样的观点。讲故事是对解决意识和自由意志问题持乐观态度的另一个原因。

> 应该保持乐观的最后一个原因是，闲谈是人类的必需品。这一点为意识的物质基础提供了更多证据。我们的思想是由故事组成的。

他还说：

> 有意识的精神生活完全建立在闲谈上。这是对过去经历的故事和为未来创造的故事不断进行的重新审视。

1　蚁群的比喻在科学阐释者之中非常普遍。丹尼尔·丹尼特（Daniel Dennett）和戴·罗伊（Deb Roy）在刊登于《科学美国人》上的一篇文章中称："蚁群可以做的事情，单个的蚂蚁是做不到的，人类也是这样的，随着超人价值观的兴起，人类组织的能力超越了个体的能力。"

接下来他把讲故事带回神经科学的语境中：

组成意识的这些故事并不能从与意识相关的物质性神经
生物系统中分离出来，因为这个系统起到了剧作家、导演和
演员的综合作用。

很显然，我们又回到了比喻的世界。不过既然现在的主题是讲故
事，那么这个比喻似乎还算合乎情理。不管怎样，威尔逊将意识看作
讲故事的想法及从中推断出的结论并不能使机械唯物主义者们满意，
因为这让他从持乐观态度一下子变成了屈从于科学，甚至几乎是在给
科学唱颂歌。

然而，解释意识的能力永远是有限的。假设神经科学家
能够多多少少成功理解一个人大脑的具体运转过程，那他们
就能解析这个人的心理吗？不会的，一点也不可能。

因此，他得出的结论是"这难以置信"，而这与费英格在《仿佛
的哲学》中所描述的情况简直太像了！

那么，自由意志存在吗？是的，它存在，即使不存在于真正的现实中，那它的存在也至少是合乎情理的，而且因为它的存在，让人类物种得以永恒。

或者，像我之前说的那样，自由意志的存在是因为"我们还在用这个概念"。但这并不是奥巴马给"人脑计划"（也译为"BRAIN计划"）拨款5亿美元的原因。我知道有人会说，天才的关键在于"脑子里同时存在两个对立的观点，并且还能正常思考"，但是我觉得在威尔逊的文章里同时有三个互不相容的观点：神经科学、蚂蚁的比喻及讲故事。在此，我就不必再指出他持乐观态度的三个原因——研究神经映射、社会生物学和闲谈——是无法同时来解释同一件事的了吧。但如果这三样东西能放在一起，那么威尔逊就真的该好好解释一下是怎么回事了 [就像里齐·里卡多（ Ricky Ricardo ）说的那样]**1**。

威尔逊想要在这篇文章中同时完成三件事，能说明这篇文章是一个受欢迎的智力成果吗？或者说是一篇混乱的巨著？又或者说它只是一面镜子，反映了科学界普遍的、整体的混乱？像我之前所说的，威尔逊就像是一个抛接杂技演员发现他所有颜色鲜艳的球都神奇地凝固

1　原文为" got some ' splainin ' to do "，出自20世纪50年代的戏剧《 我爱露西 》，是" got some explaining to do "的幽默说法。——译者注

在了半空中[1]。他拿不定主意。他乐观地怀疑着，同时也怀疑地乐观着。可这样，他就变得更加后结构主义了，只是他自己都没有意识到。毕竟最初提出意识、自由意志等概念的德里达也"拿不定主意"。

现在我要总结一下，这也是关于哲学和后结构主义的最后一个问题。后结构主义和解构主义中有一个重要的哲学观点，那就是：解构是"对存在的形而上学的批判"。即解构是对这样的观点的批判：我们通过感官了解到的客观世界事实上就是我们感受到的样子。坚信简化唯物主义的科学家其实是形而上学者，而且是那种最危险的形而上学者，尽管他们并没有意识到这一点。解构来自笛卡尔、休谟、康德、黑格尔、尼采和海德格尔提出的旧怀疑主义。解构对这个怀疑主义传统的贡献在于它声称我们认为真实的东西（包括具体的概念，如"自我"）可能是真实的，因为它们需要得到并非它们自身的东西来"补充"才能存在，就像雅克·拉康（Jacques Lacan）提出的心理发展的镜像阶段一样，在这一阶段，"我"（一个"小人"）看向镜子（文化的镜子），然后说："'那'就是我啊。"

就当前这个问题，自由意志作为神经物质的一部分而存在的可能性也需要被补充，我们通过把自由意志当作一个故事来讲给自己听，

1　英语中用球凝固在半空来比喻同时做几件事。——译者注

从而为它提供补充。但如果我们不认为自由意志是一种叙事的话，我们就无法在大脑中寻找自由意志。因此，把"自由意志"想象成一个实在的东西是幻想；它不是"东西"，而是故事，是标志，是社会系统（法令等），这些东西使自由意志得以实践，并且弥补了它缺失的部分。这大概就是威尔逊想要表达的意思：自由意志并不是自成一体地存在，而是存在于我们日常生活中所讲述和利用的关于自由意志的故事之中。

他们叫他真正的伪装者

爱德华·威尔逊是一个真正的科学家——而且，他还在电视上和书里面扮演科学家。

3 #佛陀
机器人

技术佛陀

大部分技术倡导者认为技术的融入可以改善传统的人类活动，医学就是最完美的一个例子。它可能意味着基因研究、药品研发、复杂的诊断机器、神经地图，或者一个能把我们的个人医疗记录直接传给医生的系统；不管是哪种情况，医疗技术的优点总是很容易发现的［尽管依然存在尼古拉斯·凯尔（Nicholas Carr）所提出的那些疑虑］。当然，技术几乎渗透到了我们生活的每一个方面——而且通常技术融入生活的方式并不像医疗技术那样经过了认真的考察。近几年来，技术领域（人士）甚至声称未来不仅仅是经济、农业、医药，以及其他以实践经验为基础的领域，甚至认为精神世界的未来也取决于技术。人们通常会觉得，这话的意思不过是基督教和犹太教应该被科学发现所取代，来获得人们的敬畏，特别是天体物理学家，他们进行祈祷活动的庙宇是哈勃空间望远镜。但一个令人惊奇的例子是西方佛教，它曾陷于20世纪60年代反主流文化的陷阱中，而现在却变成了一种在工业中被应用和考量的东西。

当然，佛教在西方出现并不新奇。在19世纪和20世纪，东方思想对哲学家和诗人产生了重要影响［爱默生（Emerson）称梭罗（Thoreau）为"和谐之佛"］。自1818年起，亚瑟·叔本华（Arthur Schopenhauer）的巨著《作为意志和表象的世界》（*The World as Will and Idea*）成为第一本充分融合了东方思想知识体系的哲学著作，尤其是探究了《奥义书》（*Upanishads*）和佛教"四真谛"。黑格尔对印度教和佛教有一些并不系统的了解。而尼采在写作的时候表现得好像他懂一点佛教似的，因为在19世纪后半期他没有理由一点都不懂佛教。毕竟哲学家们都表示了对佛教的崇敬，包括对它的诚挚、它的真实和它相较于基督教信条优越性的敬仰；尽管他们最终发现佛教的哲学就是虚无主义。[1]但他们在介绍佛教的时候，似乎不是在探索信仰，而是进行排查，把那些不能表达他们自己思想的替代物一个个从名单中划掉。

最近一段时间，佛教成为美国大学哲学系下的一个分支。不过，大部分佛教研究期刊——如《国际佛教研究协会会刊》（*Journal of the International Association of Buddhist Studies*）或在线期刊《全球佛教》（*Journal of Global Buddhism*）——都无法摆脱在欧美高校普遍使用的分析性哲学占主导地位的影响，而分析性哲学偏好于使用数学和经验主义方法。所以，《全球佛教》在它的网站上说："本期刊将作为一个独立的研究工具，强调问卷调查、数据库建立和经验研究，来对当下的研究项目加以呈现。"

如同B.艾伦·华莱士（B. Alan Wallace）在《佛教与科学：开创新局面》（*Buddhism and Science: Breaking New Ground*）中所写的那样：

> 佛教就像科学一样，呈现的是一套关于自然世界的系统性知识，并且针对心理的本质及其与物质环境的关系提出了

---

1 "如我们所知，在东方体系中，主要是在佛教中，没有什么是绝对的原则"[黑格尔，《小逻辑》（Science of Logic）]。黑格尔所指的佛教概念很可能是空性（Sunyata），也就是空（Empty）。空性最好被理解为无限可能，而不是虚空。就像大卫·罗伊（David Loy）说的，空性是"对不可简化的宇宙动态创造性的比喻，不停地从它自身中创造出新的形式"。

一系列涉及广泛、可验证的假设和理论……佛教应该被认为是经验主义的一种形式，而不是超验主义。

华莱士根据佛教和科学具有相容性这个假设，在圣巴巴拉意识研究所进行了一项名为"平静"（Compassion and Attention Longitudinal Meditation，CALM）的研究。研究中心是这样描述这项研究的：

在近期研究成果的基础上，CALM 的研究将进一步探索通过慈悲正念训练减少面对心理压力时多种形式的负面身体和情绪反应，这些负面反应通常与包括抑郁、心血管疾病、糖尿病和痴呆在内的一系列现代疾病有关。

换句话说，如果佛教是基于经验且有用的，那么它在西方世界就是有市场的。

神经科学在这里起了非常坏的作用，它用 fMRI（功能性磁共振成像）技术对进行正念训练的人进行检查，试图找到大脑中被人们戏称为"与佛祖相通的那个点"到底在哪里。在关于创造性的研究中，神经科学只专注于收集数据［佛教学者伯纳德·佛瑞（Bernard Faure）称之为"无逻辑的积累"］，但它并不能解释这些数据。它主要的成功之处在于为未来的数据收集争取到了资金支持，研究者抱着模糊且徒劳的希望，期望能发现一些东西用来疗愈"我们繁忙、充满压力的现代生活"。忙碌和压力显然是不可避免且无须讨论是否存在的。事实上，"正念疗法"鼓励人们用上班路上的时间来进行正念训练。但似乎没有人对分析压力和不开心的来源这件事感兴趣，也没有人对如何摆脱它们感兴趣。佛教成为一种心理分诊形式，为那些在公司格子间里深受痛苦的人们、被堵在路上的人们、监狱里的人们，或者生活于中东战争地区的人们，按照疾病紧急程度进行分类和回应。

最有名的基于科学来宣传佛教的人是神经科学家／美学家山姆·哈里斯（Sam Harris）。2006年哈里斯在发表于《香巴拉太阳》（*The Shambhala Sun*）上的一篇文章中称：

> 如果去掉宗教的外衣，佛教的方法论可以说是最伟大的智慧之一，毕竟我们一直挣扎着想要建立对人类主观性的科学理解……一旦我们对冥想方法做出科学解释，它就会完全超越它与宗教的关联。倘若这种概念上的革新发生之后，再在冥想前面加上"佛教"，就等于没有理解我们对人类心理的认知变化。

这种尝试将佛教融入西方世界关于真实本质的经验假设从最开始就是有问题的。那个研究佛教的老人爱德华·孔兹（Edward Conze）在他的书《佛教研究三十年》（*Thirty Years of Buddhist Studies*）的序言中写道：

> 对大乘佛教经书的研究是属于那些游走于社会边缘的人的，同时，关于它的研究与经书里的文本信息是没有关系的，如和其中的语言学问题无关。

他得出的结论是，佛教学者对他们的研究对象"没有真正的兴趣"。

在当代社会有一个例子可以充分地解释孔兹的理解，世界著名佛教学者之一——理查德·贡布里希（Richard Gombrich）[前牛津大学梵文教授，《佛祖所想的事》（*What the Buddha Thought*）的作者]在他的公开评论中以这样一句话开头："我不是一个佛教徒。"他对于西方哲学的兴趣仅限于20世纪哲学家卡尔·波普（Karl Popper）——一个科学哲学家和"批判的理性主义者"。贡布里希主要考虑的佛教问题是佛教道德的逻辑派生物，他对西方佛教不屑一顾，并且鄙视西方佛教对冥想的狂热崇拜，他认为那是"自私自利的"。

西方佛教与20世纪60年代反主流文化之间的联系正在被科学所取代，同时也在被企业所取代，一些大公司利用佛教来推广它们的品牌，改善"健康"，减少员工生病的天数及其他效率低下的现象。当然，这都是为了创造高收益的佛教主题产品。这类被公司采用的佛教已通过科学验证。商业界所理解的冥想——尤其是正念训练——并不由传统的佛教理念和道德驱动，而是以神经科学为内核。

1979年，麻省理工学院毕业的科学家乔·卡巴金（Jon Kabat-Zinn）创造的正念减压疗法（MBSR）就是一个例子。在2014年2月3日《时代》杂志的封面故事中，凯特·皮克特（Kate Pickert）援引了卡巴金的话："我一直都想使正念成为主流文化。很多国家和文化中的人们都相信正念。因为这是科学。"卡巴金在谷歌开发的训练课程"搜寻内在关键词"中扮演了重要角色。这门课程的官网上说，正念训练培养"卓越、高效领导力所需要的核心情商技巧……我们帮助不同层级的职业人士适应工作，帮助管理团队发展壮大，帮助领导优化其领导力和影响力"。

你可能会怀疑，并没有哪一本佛教经书讨论过如何最好地实现影响力或把管理团队发展壮大。

根据奥托·夏默（Otto Scharmer）的描述［这是另一位麻省理工学院的毕业生，他为《赫芬顿邮报》（*The Huffington Post*）供稿］，在2014

年1月于达沃斯召开的世界经济论坛上，企业正念训练到达了一个爆发点。夏默写道：

> 现在，像冥想这样的正念训练除了被用于众多像谷歌和推特这样的科技公司，它也被用于汽车与能源产业的传统企业，中国的国有企业、联合国的各个机构、各国政府部门，以及世界银行。

证明正念训练到达爆发点的例子有很多。通用磨坊（General Mills）公司里设立了供员工使用的冥想室。安泰（Aetna）保险公司CEO马克·贝托里尼（Mark Bertololini）承诺要把正念训练的益处带给所有员工。还有像罗汉·古纳提雷克（Rohan Gunatillake）的21Awake这样的初创公司（就是做了Buddhify应用的那家公司）也说："现代社会，正念无处不在。"Buddhify的网站上说，它是"第一个针对现代生活的正念应用。该应用设计精美，内容独特，适用于忙碌的都市生活。无论你身处何方，无论你被任何事务缠身，Buddhify都会给你带来平静、专注和慈悲"。这款应用还有一个特点——就像运动员记录跑步数据佩戴的"可穿戴设备"一样——它可以监测你使用Buddhify的行为，并通过数据来测量"你最近过得怎么样"。就像参与训练的运动员一样，你会想要确保达到你的每日冥想目标。

由于这种训练的名字叫"减压"，而不是"启蒙"，因此计算机科学家正在开发可穿戴设备来检测压力水平。麻省理工学院的情绪运算中心（Affective Computing Center）正在研究一种用来"自动感知压力以预防慢性心理应激及相关疾病风险"的技术。自动压力感知技术的实现是通过"舒适的可穿戴生物传感器来检测真实生活环境中的压力……在这项技术中，我们调整了支持向量机的损失函数，来解析人们对压力大小的感受"。也就是说，如果你的可穿戴压力传感器开始闪烁并且发出警报，系统就可能会自动给你在企业健康中心预约正念训练课程了。

当然，尽管它们自诩为反主流文化的，但像谷歌、亚马逊和苹果这样的企业仍然是企业。它们追求利润，试图将它们的特权最大化，转嫁成本并且剥削劳动者。美国技术领域将工业污染的成本转嫁给了发展中国家。它们让那里的人住在雾霾中，而它们之中却没有任何一个——苹果公司当然也不会——承担清除污染的责任。还有，印着笑脸的包裹从亚马逊的仓库源源不断地输出，并不像是网络时代全新的雇佣模式，反倒像布莱克（William Blake）所说的"黑暗的魔鬼磨坊"。

技术产业制造了叛逆的黑客和追求潮流的极客，制造了为个人和社会变革赋权的产品，出现了商业的新机会，还有如今的"正念资本主义"。但不管它们用怎样的真理来修饰这些产物，事实就是这些只是被精心管理的一种形象，来让我们想一直购买产品；更重要的是，会让我们一直自信地认为高科技产业是好的、有用的。讲故事的人给我们讲这些故事是希望我们能够相信他们，听从他们，并通过联想觉得自己是在顺应潮流，并且获得精神上的新生。可遗憾的是，这样的"正念"脱离了佛教的含义、价值和目的。冥想和正念并不是生活方式的一部分，而是一种精神技术，一个对于任何人来说，不管怎么使用它，以及用它来干什么都是一样的精神类App。企业正念吸取了与之相悖的东西——佛教——然后对它进行重新定义。因此最终，我们忘记了它曾经还有自己本来的含义。

斯拉沃热·齐泽克（Slavoj Žižek）在他的书《论信念》（*On Belief*）中简洁地总结了这一切：

> 西方佛教让你全身心地投入到这场狂热的资本主义游戏中，同时还让你保持一种自己并没有真正参与其中的感觉，不过你清楚地知道这场表演是无用的——对你来说真正重要的是内在"自我"的平静，你永远可以退回到内在自我之中。

唐纳德·S. 洛佩兹（Donald S. Lopez）在他2012年的书《科学佛陀：短暂而快乐的人生》（*The Scientific Buddha: His Short and Happy Life*）中认为，佛教的正当性并不依赖于科学对佛教真理的支持，也不在于佛教能够用来减压，毕竟事实恰恰相反：

> ……冥想的目标……是"引发"压力。这种压力是对世界深刻不满的结果。冥想的目的不是追求对未来经历的平静满足感，而是促成一种具有高度判断力的精神状态，认为这个世界就是一座监狱。

也就是说，企业版本和科学版本的佛教掩盖了它的极端之处。就像罗伯特·艾特肯（Robert Aitken）在《丁香之心》（*The Mind of Clover*）中说的，西方佛教的极端之处在于"让我们从旧的社会中发展出新的生长力，并将我们训练成为具有檀波罗蜜多[1]的社会"。而这种"新的生长力"恰恰被企业正念训练模式限制住了。

在佛教哲学家大卫·罗伊（David Loy）的巨著《缺失与超越》（*Lack and Transcendence*）中，他写道："佛教并不是用形而上的体系来

---

1 檀波罗蜜多，意为"动机清净的布施"。——译者注

描述现实的，而是展示如何建构社会语境下的形而上体系，而这种体系就是我们所说的日常现实。"

确实如此。

遗憾的是，很多美国佛教徒并不是像洛佩兹所说的那样用佛教来"引发"压力。因为在一定程度上，大部分西方佛教徒家境富裕，去得起昂贵的冥想精修所，买得起训练所需的装备，如从一个卖冥想用品的商店买唐卡挂在冥想室里营造氛围。Buddha Groove 就是个例子，它是"一家专门售卖佛像、珠宝、念珠等物品的在线商店"。还有一个例子就是在 Salubrion 上买一块 Enso Pearl 电子冥想表（"看清时间"），其实就是个闹钟。毕竟，人们不想在迷迷糊糊的冥想状态中错过10：30的会议。

一个显而易见的危险是，消费将会赢得游戏，就像它在更广泛的文化中赢得胜利一样。精神学习和冥想将会成为阶级的标志，成为一种特权，就好像属于某个乡村俱乐部一样。简而言之，佛教会成为一种被托斯丹·凡勃仑（Thorstein Veblen）所说的"闲适阶级"所接受的消遣方式——另一种形式的"炫耀性消费"。

这种讽刺听起来很刺耳：富裕赋予西方佛教徒以特权，并且给了他们先行参与佛教的机会，然而富裕却是佛陀所说的轮回的一部分，轮回的意思是世界是相连的，人在其中轮回受生。从某种意义上说，佛教徒的西方实践依赖于持续不断的错觉，尤其是让我们觉得自己隶属于某个阶级的错觉。

一点想法

认为心理是神经化学产物的想法并不一定是非佛教徒的想法。非佛教徒的想法是，化学让我们成为机器或机器人。而在一个佛教徒看来，"我们是由分子组成的"（"因缘共生"）意味着独立的、自治的躯体或自我是一种幻象，也就是"无我"。但在大部分时候，这也意味着我们是"如是"（Suchness）的一部分，我们被"整体"所取代。这和科学知识是一样的——当我们下班之后，手里端着一杯马提尼：我们都终归是幻象。

那个神经一工业复合物露出了快乐的表情

为什么企业决定要把禅宗纳入其中呢？难道企业家们都是一些关心员工，想要提供工资之外福利的好心肠人士吗？或者他们只是自私地盗用宗教哲学，通过减少旷工来增加利润，并且通过用佛教来宣传品牌和产品以维持消费者的忠诚度？

威廉·戴维斯（William Davies）在2015年的书《快乐产业：政府和大企业如何贩卖幸福》（*The Happiness Industry: How the Government and Big Business Sold Us Well-Being*）中对企业正念给出了一个更深刻的描述。在他看来，谷歌和其他企业所做的只不过是其一种长期传统。其中，一部分是社会幻象，一部分是商业策略，这种传统企图在解决员工不幸福问题的同时，又要保证自身不被改变。所以，冥想课程帮助谷歌员工管理压力，同时向员工暗示，谷歌公司与自身压力的产生没有任何关系。

戴维斯认为会出现这样一个问题，即管理者将从解决工会问题的责任中解脱出来，但他们又不得不去解决"员工经常缺勤，工作缺乏动力，或是因为长期精神健康问题而困扰"的问题。员工的心理问题很大一部分来自资本主义制造的完美图景。在这个图景中有一个"人类理想的存在形式：努力工作、快乐、健康，更重要的是，富有"。对这个理想目标的追求使社会"仅仅将自我实现当作支配一切的原则"。可不幸的是，对于大部分人来说，自我实现只是妄想。因为现实是，这一理想"将大部分人判定为失败者，人们只能紧紧抓住未来成功的微弱希望"。

戴维斯认为，资本主义通过这种方式解决了员工不快乐的问题：它引导员工认为不快乐的根源在于"他们自己"（谷歌会这样说），而不是来源于他们工作的外在物质环境。简而言之，资本主义告诉员工，如果他们不快乐，那就是他们自己的错。（这太像是共和党人常说的那句话：如果你很穷，那是你自己的错，因为你缺乏自律，因为你没有获得良好的教育，因为你拒绝努力工作。你应该责备自己。）然后那些因压力过大而崩溃的软件设计师，或是一整天盯着计算机写代码的数据工程师就应该"自省"。毕竟外在的那些东西——工作自身的性质、公司、整个资本主义——并不应该在考虑范围内。一个员工感到不快乐意味着他该看医生了，而不是意味着社会需要被批判和改革。

这个问题是显而易见的，而戴维斯在描述资本主义如何成功地让劳动者责备他们自己时，文采斐然且令人信服。戴维斯认为，这种"责备你自己"的传统开始于19世纪中期的杰里米·边沁（Jeremy Bentham）和功利主义。边沁认为"自然将人类置于痛苦与快乐两位君主的统治之下"，这很像我们的文化中把人类情感分为快乐和难过。边沁反对哲学猜想，想要将他的理论置于一个量化的基础上：一种关于快乐和痛苦标志的科学。他依据生理科学，通过脉搏等来测量快乐指数。不过，他对如何用钱来测量快乐最感兴趣。他认为，让人快乐的东西都是昂贵的，让人不快乐的东西大多不贵，这样就构成了一个理想的测量幸福的方法。

戴维斯写道：

无论过去还是现在，这些都是测量快乐的方法——金钱或身体。经济学或生理学、工资或诊断……2014年9月，iPhone6发布，它的两大创新是对这两点的有力证明：一个测量身体活动的应用，另一个则是支持实体店购物的应用。

因此，我们通过问卷和快乐的生理学指标来测量幸福，或者依据留存至今的卡尔文主义者的道德观，来将金钱等同于幸福。

在接下来的章节里，我将对美国人生活世界[1]的边沁化进行极细致的探寻，并适度且定时加入我自己的"真实愤慨"，就像威廉·布莱克（William Blake）说的那样。戴维斯认为资本主义不仅减损了神经学的乐趣，还把它变成了一个十足的经济学事实。

在20世纪80年代，人们发现我们的大脑会释放多巴胺以作为正确决定的"奖赏"。对经济学家来说，这引出了一个吸引人的问题：价值可以成为一个位于大脑中真正可以量化的化学物质吗？如果我决定花10欧元买一张披萨，这是因为我将会得到完全等价的一定数量的多巴胺作为奖励

1　即构成一个个体世界的物质环境和日常经历的总和。——编者注

吗？……也许，计算这种交易中钱和多巴胺的交换率是可能的。

假设SIY的神经科学家给某位谷歌员工讲了这些知识，一旦她感受到企业健康中心冥想课程带来的愉悦和平静，她可能就会考虑参加一次去密尔山谷的周末静修……当然，这取决于注册费是多少。一个可以带来大量多巴胺的周末冥想课程等同于多少钱？200美元肯定是值的，也许还能值500美元。但是如果标价1000美元的话，除非是有一个名气大的导师参加活动，否则就会导致这位员工宁可从Netflix上获得多巴胺，当然，一份披萨也可以。因为她"只是为了追求自身利益而不断地进行着成本与收益的均衡"。

戴维斯总结道：

> 为什么每个人都愿意相信像机器一样计算收支是我们的自然本性？这个问题的答案很简单：这是为了挽救经济学这门学科，以及金钱的道德权威。

这才是有力量的东西。

戴维斯面对的基本问题不只是"神经—工业复合物"。问题在于我们生活于一个金钱政权之中。在戴维斯的指引下，我们现在明白，我们把我们与自己的联系也"装在了口袋里"。尽管我们中的很多人不喜欢金钱社会，但我们生活于这样的威胁中：你要找到一种挣钱的方式来养活自己，否则你就要遭罪了。（这来自我们现在对于挥之不去的无家可归的恐惧。）所以我们默认，如果我们接受金钱的权威——如果我们接受STEM教育，如果我们在信息经济中找到一份工作——我们就有可能获得愉悦／快乐，但前提是我们没有精神崩溃。

寻找 Kitty 小姐：序言

观念史上最悲哀的事在于，一个很好的观念被曲解成与它的本意完全相反的意思。如果怀着好意来想，我猜这种曲解可能来自天真的愚蠢。但是，我们很难拒绝承认这种曲解是为当前的政权服务的，尤其是当这个观念的本意危及或可能破坏主流文化的稳定性的时候。

童年被描绘成与自然亲近的时光［就像华兹华斯（Wordsworth）的诗歌"永生颂"中写的那样］，这种煽情的浪漫描绘就是一个很好的例子。天真、完美无瑕、无忧无虑、令人喜爱的儿童是被沿用最久的浪漫化陈词滥调。它起源于德国浪漫主义画家菲利普·朗格（Philipp Runge）的作品《胡森贝克的儿童》（*The Hülsenbeck Children*），这个起源使这种描述手法受人崇敬。在这幅画中，他试图建议精神上的变革。

菲利普·奥托·朗格，《胡森贝克的儿童》，1806

　　这幅画不只关注儿童，也不只关注画中那个故意凝视我们双眼的男孩及他手里那条征服世界的鞭子。这是一幅具有社会性和象征意义的风景画。承载成人世界意义的小镇处在地平线上，缺乏活力、死气沉沉。但是孩子们却是充满热情的，被头顶上舞动的鲜艳向日葵衬托得充满生气。就像威廉·沃恩（William Vaughn）在他的书《德国浪漫主义画作》（*German Romantic Painting*）中所做的评价：

婴儿胖乎乎的脸和手因为原始的能量而充满生机，年长一点的男孩被描绘成向前冲的样子，不经心地挥舞着手里的鞭子。而女孩在思考着什么。她回头惊愕地看着婴儿正本能地抓住垂到他面前的向日葵叶子。这幅画最有趣的是它所展示的高度。在看这幅画时，我们会发现自己处在儿童的世界里。我站在儿童的高度上，比向日葵要低，离地面很近……这些处理都是为了强调儿童存在具有重大意义。

浪漫主义对儿童刻意的复杂化理解让我想起了20世纪70年代彼得·塞勒斯（Peter Sellers）早期的讽刺片《神奇的基督徒》（*The Magic Christian*）中的场景，这部电影改编自泰勒·萨瑟恩（Terry Southern）的同名小说。在这部电影中，一个名为盖·格兰德[由塞勒斯（Sellers）饰演]的退休实业家从一个势利的艺术商人[由对语调把握完美的年轻约翰·克里斯（John Cleese）出演]那里买下了一幅伦勃朗画派的作品。买下画作之后，格兰德告诉商人他只想要画里鼻子的那一部分，并且拿起剪刀把画剪了。其实，这和朗格画里孩子的眼睛一样，它们都被从语境中抽离出来，成为没有灵魂的维多利亚浪漫主义庸俗艺术。

　　也就是从这里开始，事情变得越来越糟了。浪漫主义画作中儿童充满好奇的大眼睛实际上是空洞的——这是一种不常见的对于曲解含义的坦白——然后将沃巴克老爹（Daddy Warbucks）[1]、借战争谋取暴利、自由企业体系的价值观和它联系起来，让天真从此无法脱离这些

1　漫画《小孤儿安妮》（Little Orphan Annie）中的虚构人物。1924年9月27日，他第一次出现在《安妮日记》（Annie）中，年龄大约是52岁。——编者注

价值。换句话说，曲解的过程就像是让儿童经历"小孤儿安妮"[1]的成长历程一样。

你知道接下来的故事是怎样的："所有东西都搅在了一起，组成了/一个怪物的宫殿"（正如华兹华斯所说）。从传统宗教到华兹华斯所说的"自然崇拜"的革命性转折开始，为消费者提供了枯燥乏味的娱乐：玛格丽特·基恩（Margaret Keane）画的阴郁的、茫然的、有着狐猴一样大眼睛的孩子，或者美国女孩的布娃娃丽贝卡。

还有最后一个胡诌的细节：

1　1924年开始创作的美国连环漫画中的人物。

如果你有受虐倾向，请你再次看看朗格的画，脑子里想着Hello Kitty。然后，你眼前就会出现Hello Kitty，这完全是一个可悲的幻象。

高瘦富的佛陀

在我所描述的与浪漫主义画作有关的东西中，最应该认识到的是一种幻想化的趋势，这种趋势把原本挑战主流文化的东西变成了与主流文化非常相似的东西。对于佛教来说，身为佛教徒的学者们也制造了类似的幻象，他们把佛教精神给阉割了：他们只在佛教能够被经验化地呈现时才会采纳它；企业把科学化的佛陀用于产品推广和改善员工"健康"；最近，我们在佛教中找到的都是让我们购买和消费的物品与身份。

可能这段历史教给我们的最重要的事情在于，技术永远不会是纯粹技术性的。谷歌是一家科技公司，但它也是故事的创造者，它创造了关于谷歌是什么（是科学的同时也是潮流的、有创造性的和精神的）及我们是谁的故事["流淌着血液的机器人"，用丹尼尔·丹尼特（Daniel Dennett）的话来说，一个恰巧有佛点（Buddha-spot）的神经—机器]。谷歌这类公司成功做到了这一点：它们展示了佛教可以被用在一个拿来消费的产品上，被用在高科技上，且丝毫不需要因为玷污了佛教的含义和将佛教潮流化而感到尴尬。科学的威望及谷歌的魅力使之成为可能：它们将佛教打包进一个包裹中，就像装MacBook的闪光硬纸盒一样。

所以，消费佛教会渐渐变成这样：在2014年3月，苏西·雅拉夫·施瓦兹（Suze Yalof Schwartz）宣布"断电冥想工作室"开业。在早期职业生涯中，她是《Glamour》《Vogue》和《Elle》杂志的时尚编辑。她还经营着"高瘦富"（Tall Skinny Rich）网站——一个专门提升高挑、苗条、富有人们的世界观的网站。（"因为每个人都可以变得看上去更高一些、更瘦一些和更富有一些"）。她新开张的随到随学冥想工作室是仿照"灵魂单车"（SoulCycle）创办的，这个单车健身课程是"基于健康能够激励人们的理念而创办"。雅拉夫·施瓦兹的冥想工作室与技术有着明确、实在的联系——"断电（Unplug）"。显然，雅拉夫·施瓦兹也在为此担忧，就像奥托·夏默在《赫芬顿邮报》一篇文章中写的那样，"我们的超级连接和快节奏的生活让我们与自己的连接越来越弱了"。

所以，"断电"和谷歌的SIY是同样的。尽管有很多讽刺的地方：雅拉夫·施瓦兹的反技术产品诞生得益于科技公司谷歌将冥想课程合理化。还有，雅拉夫·施瓦兹的产品是反消费主义的：你可以在"断电"买到一个枕头，上面写着"一无所有才得到快乐"（可能是指除了枕头以外一无所有吧）。

在一篇发表在《快公司》（Fast Company）杂志网站上的文章中，阿亚娜·伯德（Ayana Byrd）写道：

> 雅拉夫·施瓦兹决定剥去冥想的"神秘外衣"，精心设计课程，让每个人的生活走向正轨……导师向学员们提供她所说的"基于科学架构的精神性神奇药剂"……"我不喜欢在家进行冥想，"她说，"但是如果在一间放着音乐的房子里进行冥想，同时有人引导我进入冥想，并引导我走出冥想……这会让你觉得你确实做了些事情——这不仅仅是冥想，还是一种体验"。

你或许希望这些都是我编的，但真的不是。

雅拉夫·施瓦兹在这里讲了很多的故事，最明显的就是对精英文化并无特别的渴望，她甚至声称获得佛教启示也没有什么特别之处，它就像在教练的指导下健身一样简单。你可以成为任何你想成为的，只要你想成为的这个东西没有什么实质含义即可。只要你上完课感觉良好，谁会在乎她的健身课宣传的僧宝（Sangha）到底有没有实质含义呢。她讲的另一个故事是，在美国没有比成功更神圣的事了，而且没有比通过企业精神获得成功更好的方式了，尽管这种精神意味着你要首先把所有东西都搅混在一起，包括精神这个概念本身。

普遍的善

和世界上其他主要宗教一样，佛教相信最重要的德行是向受苦受难的人行善。在佛教中，正念、冥想和智慧都很重要，但它们也是从最基本的行善之德中精炼出来的。你可能觉得最正念的狂热会促使一个或两个谷歌员工去学习佛教六功德。正念是其中一种功德，但排在前两位的是布施和持戒。而且有人说所有的六功德其实都是善的不同方面。"善"这个词在英语中的词源是"我们的同胞、群体、国家"中的"同胞"，但佛教徒的善是普遍的：善待众生（所有其他有真情实感的人），就像对待你自己的母亲一样。不过，对于进行冥想的极客而言，他们对获得"快乐"兴趣更大。

这里并不是说你非要成为一个可以涅槃的佛教徒才能理解我们对善的需要。例如，在极具洞察力的著作《追忆似水年华》（*Search of Lost Time*）中，普鲁斯特（Marcel Proust）观察到了这样的事：人类中最为普遍的东西并不是常识，而是人类的善。他继续讲到，可悲的是，我们善的自然本性总是败于我们自私的本性。达摩也给出了同样的观点：一切众生皆有佛性，但因怒、贪和妄想而不可得，因而不得解脱。

在美国人中可以不断观察到这样的情况——我们是好人、是慷慨的人、是善良的人，然而我们政府制定的政策却是残忍且自私的。1976年，我正在艾奥瓦大学任教，一个被驱逐的萨尔瓦多·阿连德（Salvador Allende）政府官员问我，能否让他给我的学生讲一讲在智利发生的事，讲一讲在中情局的助力下阿连德政府是如何被推翻的，以及上千个人是如何被杀害的。他对我的学生说："你们知道在你们国家旅行的时候，旅行者会对你们的友善印象深刻。但你们不知道你们的政府有多残忍。你们不知道，当你们选出这些国家'代表'的时候，你们的做法对世界上的其他国家意味着什么。"奥巴马执行平价医疗法案以保护移民家庭，并建立与古巴的外交关系。但共和党人对这一法案的极端厌恶正是我们看似善良但实际残忍的一个例子。奥巴马政府有很多缺点，但它能让人喜爱在于——所有这些政策，可能并不完善，但它们都来自于对广大没有选举权人民所受苦难的同情。是的，这种同情会经由一个有同情心的政府部门来体现，在这种"道德规范体系"下，政府部门的善被各种公文所掩盖。但是，善依然隐隐地存在于这些行为背后。

普鲁斯特倡导宽容和善应该优于所有其他东西。但当他对自私的残忍进行坚定不移、毫不退缩的社会批判时，他本性里的宽容变成了尖酸刻薄。他认为残忍是令人无法容忍、无法理解且极其愚蠢的行为。阶级的骄傲感是愚蠢的，反犹太主义是愚蠢的，恐同是愚蠢的。他一次又一次地发现人们自私的愿望：成为贵族、成为有钱人，或只是为了给最难以形容的残忍行为提供理由[1]。对于善良的普鲁斯特来说，故意的不善，尤其是受到自私驱使的不善，比起他能想到的任何其他事更让他觉得受伤且愤怒。

不过我觉得，我们应该给普鲁斯特智慧的发现中加入一点什么。我们应该再加入一些讽刺：我们错误地认为残忍是为了满足自私的需要。残忍是没用的。不管是短期还是长期，通过残忍来维持自己的利益只会害了我们自己。在自私的驱使下做出残忍的行为，实际上是谋划了我们自己的失败。

你可能会称之为因果轮回。但中情局称之为后坐力，并且把它等同于商业成本。我觉得这比商业成本严重多了。我们通过各种各样的方式给自己带来危害，其中的很多方式都非常常见，以至于我们认为这些行为是被普遍接受的。而根本问题在于我们的决定都来自一个理

---

1 在《追忆似水年华》中，"颠倒黑白的人"（同性恋者）男爵夏吕思被前任残忍羞辱的场景让人不忍读下去。夏吕思是一个剥削者、享乐主义者，并且任何事只顾自己。普鲁斯特描述这个场景是为了说明，即使是面对最坏的人，残忍也应该被视为对普遍善良的破坏。

性机器，"智能机器"通过算法计算社会"收益"。因此，才有了臭名昭著的"成本—收益分析"。所以我们会想"如果我砍掉这片森林，那么我就可以卖木材，然后种大豆出口给其他国家。这是一个收益很高的决定。但是如果我把森林砍了，可能我们未来就没有新鲜空气和稳定的气候了。动物也没有了栖息地。有的物种可能会因此灭绝。为什么我的森林要为未来负责？它明明现在就可以给我带来收益。"

不只是资本家才会有这样的逻辑。路易斯·伊纳西奥·卢拉·达席尔瓦（Luiz Inácio Lula da Silva）领导下的巴西政府也是这样想的。在达席尔瓦的任期中，巴西对亚马孙丛林的砍伐仅在2003年就增加了40%。"亚马孙并不是不可侵犯的。"达席尔瓦说。很显然，这是要让穷人依靠鹦鹉和豹子来填饱肚子[1]。

与此同时，像布莱罗·马吉（Blairo Maggi）这样的巴西农商之王使利益冲突成为统治的一个必要要求。马吉不仅仅是巴西最大的大豆生产商和出口公司老板，他还是马托格罗索州（"茂密雨林之州"）的州长。亚马孙很快就会成为另一个极佳的后现代选址地。就像北美一样，那些地方的名字已经与过去那里存在的东西不再有任何关系。马托格罗索州将会成为一个大豆垄断工厂，只剩下贸易价值。就像是仅仅保

---

1 这个故事的后续是：在森林砍伐率连续下降15年之后，迪尔玛·罗塞夫（Dilma Rousseff）总统任命了卡迪娅.阿布雷乌（Katia Abreu）为巴西农业部长，她被称为"伐木小姐"和"铁锯女王"。

留了0.1%原始草原的"草原之州"伊利诺伊州一样。当然，一旦原始的植物、动物和原住民消失，我们就会伤感地讲起这件事——那些被我们灭绝的事物成了我们的文化遗产。

不管是雨林还是草原，鹦鹉还是食米鸟——它们从来都没有机会争取自己作为生命的权利，争取身为一个事物本身就应该获得的尊重。这揭露了它们的所有者——统治者、开发者、世界上的农商之王们——严重的精神缺陷。统治秩序的存在并不意味着统治者拥有统治的道德权力，因为这些统治者会因为只顾眼前利益，而造成了未来的失败。根据会计的逻辑，我们的"利益"在于"获得利润"，这种逻辑促使我们通过残忍的手段来赢得未来，但长期来看，这实际上是自我毁灭。

因此，国家自利与全球范围内被合法化的暴力行径是一回事，这些暴力行径有针对人类的、自然界的，但最终都会害了我们自己。在自我毁灭之前，我们国家的掌舵者们就像是站在一块牛排面前的大胃王，他们打算把它一口吞掉。

4 #生态机器人

欢迎来到我的机器世界

现如今，与其说环境保护主义是一组价值观，还不如说它是一系列用以委曲求全地实现那些价值观的计划（假设我们真的记得那些价值观是什么）。说实在的，到底是什么样的价值观迫使我们通过各种形式的排污交易来实践它呢？到底是什么样的价值观迫使我们相信，如果我们能将大气中的二氧化碳浓度降低到335ppm，全球变暖的威胁就能够被解决掉呢？环境保护主义实际上是人们在道德深渊中达成的妥协。正是因为这些让步的行为取代了价值观，环境保护主义才得以在一些时候宣告成功而不至于翻覆。

环境保护主义在近几年的一次伟大胜利是使可持续这个概念获得了普遍认同。但是，可持续到底是什么？可持续是……肯定是个好东西。这个"肯定"是我们埋下的第一个伏笔，说明我们所讨论的是一个非常成功的理念。当人们提到可持续的时候，如当它反复不断地出现在环保主义者、媒体、政客和商人的言论中时，我们似乎理应对它俯首帖耳。那些敢于反对它的人极为罕见（我应该适当地指出茶党保守者们不在此列）。然而，可持续所谓的这种"好"其实是个谎言。西方一直以来为了应对我们"与自然的关系"这一问题而进行道德洗牌，可持续实际上只是最近的一个例子罢了。"我们应当与自然融为一体"理念大多时候只会被人们简单提及。那么它究竟是怎么发展成现在这个样子的呢？

20世纪后期，自建立国家公园与自然保护区的运动开始，关于自然的问题就从浪漫主义者、超验主义者和自我成就的神秘主义者[如我们的约翰·缪尔（John Muir）]的手中移交到了生物学家的手中。我们开始将自然视为一个复杂的系统——一个生态系统。而成就可持续这一理念的，就是从自然哲学到基于科学的生态学转变。甚至连伟大的奥尔多·利奥波德（Aldo Leopold）也对此做出了贡献。他曾是第一个，也是最重要的一个对描述自然系统着迷的科学家。利奥波德关于自然世界的思考方式说到底还是机械论的思考方式。他写道："虽然自然有其睿智的修复方式，但保护每一个齿轮的正常运转是避免让自然进行自我修复的第一道防线。"他将自然看作一个生物机器。而沃尔特·惠特曼（Walt Whitman）没有做到这一点。

当然，读者们不是因为利奥波德的科学性才喜欢他的；人们喜欢他的原因在于他对自然世界细节的热爱与关切。这样来看，他曾是与惠特曼一样的人。但讽刺的是，这种"热爱与关切"恰恰是生态科学无法阐释的。生态学在哲学和精神上的贫瘠在于：它的经验现实主义无法解释为什么我们人类可以站在完全独立于自然的位置来热爱自然。生态学无法解释"关切"。正是这种关切的凝视让我们观察到"一只脚上长毛的鹰……像一个长着羽毛的炸弹一样掉进了泥沼中"也是"生物机械论"中的一部分吗？奥尔多·利奥波德的"关切"是生物工程学的失败吗？如果不是的话，那么显然我们需要一些生态学之外的基于科学的东西来解释它。毕竟，我们对自然的热爱和关切才是最重要的。而这种关切与对那只鹰的观察并没有特别大的不同；它指的是对整体的自我意识：将人、自然，以及宇宙视为一个整体。

利奥波德将人类发展经济的迫切渴望描述成一种因为"过度"而造成的消亡过程。如果利奥波德现在还活着，我想他会被告知，我们现在快被过度的科学和技术、过度的生态学，还有过度的可持续弄死了。科学在可持续这个概念中所强调的是：自然系统可以与企业系统整合在一起。这就是可持续的故事和理念。可持续的首要问题在于将生态学思想与企业实践融合在一起，而正是这些企业实践把自然置于一个危险的境地。企业不再是"黑暗的魔鬼磨坊"，而是一个将森林和工厂融为一体的古怪乌托邦。此后，我们会听到有人告诉我们说，这将会成为一个"绿领"世界。正如最近一则电视广告中阐释的那样：哪里可以找到一个有干净的水和空气，没有垃圾填埋场，让所有东西都能100%回收的完美世界呢？印第安纳州的斯巴鲁工厂！按照生活规划科技公司（Living Plan IT）的说法，还有更好的情况：未来，城市不仅仅是"绿色的"，而且它们自己还会成为一个融合企业、商业、居住和开放式绿色空间的生态系统。如果一只在被石油污染的水中挣扎的海牛对此持不同意见，那么就随它去吧！法庭会判定海洋哺乳动物是没有法律资格的。

考虑所有这些情况，我们就会很清楚地认识到，为什么宣称胜利并甩手走开对于环境保护主义者来说是非常诱人的。肯·伯恩斯（Ken Burns）2009年的电影《美国国家公园全纪录》（*The National Parks: America's Best Idea*）就是一个例子。我们的国家公园是可持续理念的最初实践，它在保护自然空间和我们对于"自然开采"（我们小心翼翼地选用这个词来命名它）的需要中求得了平衡。相应地，电影庆贺了国家公园的成功，并且鼓励我们做更多同样的事。他们还说这部电影是关于一个国家公园所展示的"理念"。这是"最好的"理念。好吧，实际上电影本身主要是展示一连串的历史"事实"，并不是理念。

事实上，伯恩斯在电影中并没有表现出与这些事实有关的任何理念。在电影的某些片段中，他似乎非常任性，并不打算理解他展示在我们眼前的东西。这种对理解的抗拒使电影中有了很多令人尴尬的场景。在某中一个场景中，观众轻松地跟随着镜头，伯恩斯使镜头优美流畅地摇过一组静止的照片，彼得·考约特（Peter Coyote）用舒缓、诚挚的声音讲述着，突然……这真是太尴尬了。如果这是一本书的话，你会气得把它扔到房间的另一头去。

最为荒诞的尴尬时刻是在介绍小约翰·D.洛克菲勒（John D. Rockefeller, Jr）的时候。他是帮助建造国家公园的最伟大的慈善家之一。1928 年，洛克菲勒又续投入了 500 万美元来保护大烟山。电影用乏味的方式展示了洛克菲勒说的话：将"巨大的家庭财富"用于公共事务。但影片没有提到的是——这一点本应该被指出，但难以置信的是影片没有这样做——洛克菲勒的财富来自他爸爸创建的标准石油公司，这家公司因残酷的商业手段、雇佣平克顿公司的间谍、强制进行丑恶的工资剥削，以及能置人于死地的矿场工作环境而出名。[1917年，国际工业劳工组织（IWW）的弗兰克·里特尔（Frank Little）曾在洛克菲勒的一个矿场被公司雇佣的恶棍杀死。]美国蒙大拿州巴特市的洛克菲勒矿场把那座小城变成了现在的样子——地球上最严重的毒城。[达许·汉密特（Dashiell Hammett）在小说《红色收获》（*Red Harvest*）中将其称为"毒城"。]这个矿场（安纳康达铜公司）创造大量的有毒煤渣，污染了银弓溪（本地人称之为"粪溪"，因为它散发着硫磺的臭气）130英里的水域，并且还在一个公共的水坑中填满了上亿加仑的酸水。这个矿井像是一个教堂的地下室，上千名工人在此丧命，他们的尸首再也没能找到。可当矿井不再能创造利润的时候，洛克菲勒就直接放弃了这座小城，抽身离去（现在这个地方被英国石油接管了）。

小约翰·D.洛克菲勒沿用了他爸爸攫取利润的方法，包括对矿工的无情压榨，最后以1914年拉德洛矿业大屠杀告终。在这场大屠杀之后，洛克菲勒在国会面前为自己的公司作证，并声称"开放"商店的必要性。

洛克菲勒：只有一件事可以解决这次罢工，那就是联合这些采矿营地，因为我们从劳动力中获得的利益太重要了，我们坚信实现这一利益要求采矿营地应该是开放的营地，我们希望不惜一切代价与政府官员（那些向矿工开枪的人）站在一起。

国会议员：如果这样会花掉你全部的财产，并且害死你所有的员工，你也会这样做吗？

洛克菲勒：这是一个伟大的原则。

洛克菲勒用矿工的血支付了建造大烟山国家公园的资金。可要是认为他从公众那里得来的东西又通过慈善还给了公众——给公众建一个国家"游乐场"，那就是残暴的专制主义[1]了。还有一种专制主义论调，声称拉德洛的矿工们没有理由联合起来（这还没提反抗呢），因为公司给他们提供了住房和商店，所以他们只需要关心工作的事。

我们的当代慈善家可能要说了："这的确是沾着血的钱，但是现在你们得到了黄石国家公园这样巨大的礼物。"就好像这黄石国家公园，或是优胜美地国家公园，或是大提顿国家公园是富商才能给我们的礼物，并且我们应该为得到这样的礼物而感恩一样。而这些礼物只是用策略性的方法纵容了对这些地方的洗劫，就像他们对赫奇赫趣山谷或是你家附近的一片草地做的那样。

你不得不好奇伯恩斯在这一切中扮演了什么样的角色。只是单纯

---

1 现在的亿万富翁只与慈善专制主义有细微不同。他们唯一捐赠的东西是给他们自己的礼物。媒介大亨巴里·迪勒（Barry Diller）为了在哈德逊河小岛上建一个新公园而花了1.3亿美元，这个公园离他在切尔西的办公室只有很短的步行路程。

的愤世嫉俗吗？还是屈从于来自公共电视网（PBS）的压力？[1]就是那家（我应该感恩）从洛克菲勒、大卫·科赫（David Koch）、卡托研究所（the Cato Institute），或者任何极度保守主义的个人和组织那里获得资助的电视网，因为公共电视网似乎是在这些机构和个人的控制下。所以不管有什么样的理由，仅从这点考虑，《美国国家公园全纪录》就不是一部公平客观的电影。

可能《美国国家公园全纪录》体现的只是美景和自然精神。毕竟，整部影片一直伴随着（就像一直有伯恩斯的痕迹一样）从远方飘来的悠扬钢琴声，与影片的进展和谐呼应，带给观众一种国家自豪感、美的愉悦感，以及某种壮举得以完成的感觉。但在这种时候，这部电影完全就是理念化的。而现在，他们敢于承认国家公园是我们最糟糕的点子了，因为它设置了一个边界，将自然从我们可以肆意毁坏的事物中剥离出来。跨过公园这个界线，你会立刻进入"石油的世界"[詹姆斯·霍华德·昆斯特勒（James Howard Kunstler）所说的"我们的国家汽车贫民窟"]。

当然，像伯恩斯这样的人会希望你想到公园外面尽是城市和公路，而这些地方是不会与自然混在一起的。城市是一个非常不同的聚合物，

1　参见尤金妮亚·威廉姆森（Eugenia Williamson）2014年10月在《哈勃杂志》上发表的文章《PBS的自我解构》。

与自然毫无关系。在不远的未来，气候变化会让我们看到这种二元假设真正的局限性。全球变暖对既平衡又分隔自然与工业的可持续发展能力在物质上和精神上都提出了巨大的挑战。在气候变化的时期，自然与文明的界限没有任何意义。但松小蠹虫会对远至北部的森林进行破坏，它们才不会管这种边界呢！（"你们不可以吃那片森林，那是国家公园！"）而这可能只是全球变暖带来的一小部分破坏而已。

很快，当科学家和技术员们不仅被要求去建造国家公园和汽车厂，而且被要求去建造他们所说的巨大"生物圈"的时候，那些通过摆弄可持续和对"ppm"这类概念所进行的道德洗牌，就不得不押下一个巨大的赌注。"生物圈"这个词回避了这样一个问题：当你想着你住在一个叫作"生物圈"的东西里时，你想到的实际上是一个工程学问题。

我们的处境堪比希腊悲剧，因为尽管我们有其他的选择，但就像没有听从卡桑德拉（Cassandra）警告[1]的老人一样，我们似乎注定不会记起有这样一个选择，或是理解它的意义。我们理解自然的起源有关哲学、美和精神，并且理解我们在两个多世纪里一直可以向自然索取。这样的自然让我们觉得我们没有与它分隔。自然并不是我们分析的对

1　在希腊神话里，卡桑德拉是一位被神诅咒的女子，神赋予她预言的能力，但无论她怎么呼喊，都没有人相信她，哪怕她永远只说真实的预言。

象。它并不需要工程学来建造它。它不会向我们索取任何东西，但也无法脱离我们而存在。

这就引向了这样一个结论：我们就是自然——当我们当之无愧的时候。

对于一个工程师来说，说这话是很荒谬的。工程师更希望我们谈论生态系统和生物圈。可讽刺的是，当我们这样想的时候，我们让自然从字面上看起来更像是我们自身的反映：如果我们只是机械的唯物主义者，那么自然就是一个机器，并且继承了所有与机器有关的问题（特别是熵，也叫污染）。我们目睹了这一切。很快，我们还会看到更加愚蠢的事发生，科学家们会用"平流层硫酸盐气溶胶"或者类似的计划为阻止全球变暖而进行最后一搏（这是一项基因工程）。

就像路易斯·阿姆斯特朗（Louis Armstrong）唱的那样："多么美妙的机器世界啊。"

我们的终极关怀

可持续这个概念最大的道德问题在于，它并没有神学家保罗·田立克（Paul Tillich）所说的"终极关怀"。环境主义的关怀是有限的，如鱼身体里的汞含量或温室气体里的ppm，但它没有终极关怀。要想有终极关怀，环境主义就需要投身于某种理念，并且清楚地知道这种"投身于"意味着什么。

如果环境慈善事业想要发掘它自身的道德目标，那么它会发现自己处于一个富有挑战的新语境中。与当权者的"最优实践"达成一致是一回事，但是如果这种一致违背了我们的终极关怀，那就是另一回事了。田立克认为，罪恶就是一切把我们与我们的终极关怀划分开的东西。不过，"不必担心"，就像我们最近所说的那样，企业的可持续性会确保我们所有的决定用最庸俗的逻辑来看都是非常务实的：这些决定会推迟我们所有道德洗牌的结束时间。

合乎道德的石油

在加拿大，哈珀（Harper）总理禁止阿尔伯塔省在T恤衫上使用"焦油砂"这个词来指代当地地下被生产出来的含有沥青的垃圾。所以，如果你想与中央政府保持一致，你会使用"油砂"这个词，而且你会认真地听哈珀总理解释说油砂是"合乎道德的石油"，与此同时，他还做了一个合情合理的鬼脸，以显示这个想法是愚蠢但又成功的。

的确，这还用问吗！

同时，我们北边的邻居退出了《京都议定书》。加拿大产生的温室气体已经使它完全偏离了它所承诺的事情，如改善烟气排放。

合乎道德的石油！哈珀先生一定觉得赋予自己新的自我价值就像是蒙受天恩，如同从天上投下的荣光。但在我看来，这更像是关于那个虫子的逻辑——关于松小蠹虫的逻辑，不过，好在加拿大冻死人的冬天阻止了这个逻辑的实现。当然，这也要感谢全球变暖呢。那虫子正在吃掉北方针叶林里一切挡路的东西来为自己开路，把以前带来舒适环境的东西一个不剩地全部吃掉。你要清楚，哈珀先生，要么是让魁北克遭殃，要么就消灭这些虫子，不然它们很快就会咬到你的桌子腿，让你松开的亚麻布袖口里装满木屑。

指定的苦难

评论家、记者，以及他们的受众，在空气格外清新的日子里，会考虑为何我们会遭受毁灭性的环境问题，为何全球变暖会危及农业并且减损我们喂饱自己的有限能力，为何有钱有权的人会非常积极地想对这一情形进行补救。还有更糟的是，为何他们做的事常常看起来与我们需要的恰恰相反？

如果我们理解了资本家的心理，那么这些问题就很容易解答。答案很简单，但又使人不安。因为资本主义的逻辑认识到，这些活动会带来毁灭性的结果。经济学家甚至给它起了个名字：负外部性。当作恶者以外的人来为损失付账时，这也被叫作"外部成本"，即将军们说的"附带性损失"的世俗版本，意思是炸死了错的人。或者按照一些人所说的："我们不是故意用煤灰污染河流的。我们只是在追求私人财产和个人幸福。与此同时，我们很高兴有人能解决这个问题。"但如果不是一条河，而是整个世界被破坏了呢？纳税人们会付钱买一个新的星球吗？

所以，商业大亨和他们的谄媚者们，也就是那1%的人，并不会损失任何东西。他们不傻。如果他们面对日益临近的全球灾难袖手旁观，那是因为他们不想做任何事。他们不想做任何事的原因是，坦白来讲，毁灭的威胁对于他们来说并不具有说服力。那些从资本主义中获益的人懂得这些都是建立在苦难的基础上的，而且他们相信，如果必定有人要遭殃，那也肯定不会是他们。"让夜莺替我受苦吧。"他们说，"或者让那些（他们管它叫什么来着）海牛替我受苦吧。反正它们大概只剩下十只了。而且，我们知道，这里和其他遥远国度的穷人们也会受苦，但为什么他们不应该受苦呢？你看他们！他们很擅长受苦的。而且这样的话，人类的数量也会减少一些。"

让世界灭亡吧，只要我是安全的。[1]

这种观点是理解议员保罗·莱恩（Paul Ryan）2014年提出的共和党预算方案的关键。这个预算方案极端地砍掉了所有的社会福利，特别是给穷人的食物和医疗福利。莱恩的预算清楚地说明了谁是那些将会被指定去受苦的人，而且在最近几年，这种指定对于不断扩大的人口规模来说是合理的。

有钱人不会损失任何东西。他们会从中得到东西。而我们才是那些在自由主义幻想下生活，却又对这种幻想一无所知的人。在这种幻想中，我们觉得没人会受苦。毕竟，我们都在同样的体制下，当发现危险时，我们将会行动起来，去保护我们的同胞，我们会众志成城，政治会止于海岸线，所有人都会一起忙碌起来。

奥巴马晦涩难懂地谈起他的医疗方案所遭受的批评："我必须承认，我并不理解。为什么人们要为不会得到医疗保险的人而努力工作？"奥巴马经常谈到荒谬的社会不平等是有心理学根基的。每个人都能认识到我们不是一个人，甚至连少数人都不是。共和党就是懂得并且接受这一点；他们不是"人们"，但他们把自己想象成为赢家，而且他们打算一直作赢家。

1　Pereat mundus, dum ego salvus sim!

对于那些即使有气候灾难也可以继续享受生活的人来说，未来并不是灾难性的；实际上，未来反而是迷人且神奇的。在"人们"担心干旱、洪水、火灾、食物短缺、因为医疗费而破产，以及……不要忘了还有僵尸；占优者们却憧憬着神奇的虚拟货币、电子货币、数字货币，还有大量的比特币。灾难吗？他们正在虚拟财富的世界中畅游呢！用虚拟货币装满怪异的游泳池。很快他们就会戴着Oculus的虚拟现实眼镜，之后还会进入一个虚拟的布鲁明戴尔百货店，从货架上拿起神奇的货物，同时，他们的钱包里的消音机器在计算着他们的账单。然后，在一个遥远模糊的地方——他们说的"云"——计算着总价和扣税（除非俄罗斯黑客抢先侵入了系统，把数字变成了梅赛德斯和他们炫耀的黑海别墅）。最后，为了购物的便利，亚马逊会用无人机把他们的战利品空运到他们手中。

如果有人问，为什么这些购物者有特权在地球毁灭的时候继续享受生活，他们只需要打开他们的手机，然后点开电子钱包。看到没？一千、一百万、十个亿，无穷无尽的钱。现在你明白了吧？就像基科·马克思（Chico Marx）在《椰子果》（*The Cocoanuts*）中说的："我有好多好多钱。"

财富没有义务被用来解释，为何那些贫穷、受到惊吓的人群聚集在环境严苛的偏僻山区和那些曾经长过青菜但现在干燥的中央山谷。

电子货币及其他虚拟货币没有实际价值，它们不是黄金，没有替代物，没有信托权，没有国家信用，不过现在，国家信用也参与到比特币中了（如果你能理解这里用的双关语的话）。钱永远是虚拟的，它是一个神话，使权力和受苦的人之间的关系变得合法化。至少在比特币时代，财富机器人可以赤裸裸地承认，唯一具有现实性的就是强制力和特权的纯抽象概念。

自然的城市

当我们想到城市的时候，我们的问题在于我们觉得我们已经明白它是什么了。我们这样觉得的原因是，我们不断重复着从那些常见的不可靠的人那里听到的故事——规划者、工程师、政客、商会头头，还有硅谷里那些无所不知的人。

我们被告知，城市是自然的对立物——你知道的，城里的老鼠和农村的老鼠、工厂和国家公园、高楼大厦和星星下的帐篷——尽管所有这些东西事实上都是我们造出来的。我们认为城市与建筑、道路、输水系统、电力和污水有关。城市是它的基础设施。城市是由专家、城市规划者、工程师，以及每一个拥有军队的市议会负责。他们是官僚主义的，而且在过去的二十年间用术语来迷惑规划委员会：他们找到利益相关者，描绘蓝图，实施、监管、管理成果，寻求规划者的圣杯——"最优实践"。尽管规划者在谈论"在对可获得的信息进行可靠分析时，强调利益相关者的参与"，但你还是想要问："为什么我们要这样生活？我并不觉得这就是我想要的生活。而且我真的不想像这样讲话。利益相关者！"这些技术官员相信，如果我们更理性、更高效、对我们决策带来的结果有更多认知，那么城市的问题就会被解决。他们寻求对事物进行最佳的结构化管理，就好像城市只是一个与机械有关的问题一样。可这样就等同于认为，像黑格尔的颅相学那样，城市的现实是一块"骨头"。

但是还有比骨头更糟的呢——比如说，一块连狗都不想碰的虚拟骨头。当我们把城市交到那些通过"模拟城市"游戏来学习专业知识的人手中时，我们为什么要信任机械工程师呢？因为我们感觉这样更聪明、更有创造性、更新潮，而且有了硅谷天才们掌舵，我们感觉城市会更繁荣。我现在说的是"特许城市"，是特殊的"企业振兴区"的早期演化形式，是特许学校，是私人化监狱，以及其他从公共空间中分割出来的高利润企业，在那里，税收减免和宽松监管是常态。

特许城市运动的领袖之一保罗·罗默（Paul Romer），曾是芝加哥大学的物理学家，现在成了"新增长"经济学家。在2009年的一次TED演讲中，罗默这样描述特许城市：

所以我提议，我们设想一种叫作"特许城市"的东西。首先设立纲领，详细说明所有的条例规则，以吸引那些建设特许城市的人才。我们需要吸引投资商，他们会建设基础设施，如能源系统、公路、码头、机场、楼房。你需要吸引商家，他们会聘用最先移居特许城市的人们。你需要吸引家庭，那些会长期居住的人，帮他们抚养小孩并让他们的孩子受教育，给他们第一份工作。

　　在这样的纲领下，人们会移居那里，城市才能建立起来。我们还可以改善这个模型的规模，可以一遍又一遍地尝试。

　　另外，还有生活规划科技公司的"城市操作系统"（Urban Operating System，UOS），这个系统由前微软经理史蒂芬·路易斯（Steve Lewis）主导开发。简单来说，UOS是一个为城市设计的操作系统，就像你计算机上的操作系统一样。但路易斯尽可能地用生态系统来描述它（所以这就成了"规划科技/星球"，懂了吗？）。就像他们的网站上说的那样：

　　　　生活规划科技公司专注提供优化"未来城市"并加速其实现的平台。在广泛的多领域合作生态系统中，开发商、建筑所有者、服务提供者使用这一平台能够更高效地对建筑进行想象、设计、建造、组装、运行、检修、维护、停用等一系列操作，提高在环境、经济和社会可持续方面的表现。

他们用的动词太过连篇累牍，不过我还是能感觉到其吸引力。想生活在城市里，想做个生意？那就加入进来吧。这极有可能就是泰勒·考恩所说的"小镇"居民们要住的那种城市。有了市政厅的免费WiFi，即使是穷人也可以生活在最前沿。但也有人对此表示怀疑。就像阿瓦·考夫曼（Ava Kofman）在《雅各宾》（*Jacobin*）杂志中写的：

> 由于自上而下的城市设计成为市场商品，我们很快就会不得不去选择想要住在哪个城市的操作系统中。竞争和合并可能会帮我们做出选择。思科（Cisco）在松都（韩国）[1]的每一间公寓里都安装了网真系统（TelePresence）。他们的假设是，如果你在每一个地方都装上了它，那么人们就会不可避免地依赖它了。

1　原文写的是中国，实际上应该是韩国城市。——译者注

这挺好的，但除了一点，那就是人们选择接入的系统本身没有任何历史和社会传统可言。不过，下载应用的时候谁会需要传统呢？

尽管一些特许城市的规划看起来很牵强，但实际上它们已经在建设中，并且展示在人们的眼前了，如纽约前市长迈克尔·布隆伯格（Michael Bloomberg）充满野心的哈德逊城市广场项目。正如威廉·戴维斯（William Davies）在《幸福产业》（*The Happiness Industry*）中所写的：

> 曼哈顿西部的哈德逊城市广场项目是自20世纪30年代洛克菲勒中心建造以来纽约最大的开发项目。当它完成时，它将容纳60座新的高楼大厦，大量的办公空间，约5000间公寓，还有商铺和学校。它还会成为一个巨大的心理学实验室，这都要感谢前市长迈克尔·布隆伯格促成的市政府和纽约大学（NYU）的合作。哈德逊城市广场将会成为NYU研究团队所说的"量化社区"中的一个最富野心的实例。在那里，建筑的每一个部分都会被用来获取用于学术和商业分析的数据。

我们应该发觉，特许城市的概念并不新鲜，尽管它们应该通过操作系统来运转的概念是挺新鲜的。其实，我成长在一个900平方英尺的农村土坯房里，这个镇子叫莱文顿西，在加州圣洛伦佐旧金山的郊区。这个镇唯一的特色就是"老街"上有一个菲律宾人开的水果摊子。（圣洛伦佐的开发者们对历史没什么感觉，而且不觉得保护水果摊或老街很重要，这两样东西是镇子里仅剩的老物件了，不过要除去一个同样唤起对死亡和过去念想的老墓地。）圣洛伦佐镇是第一批"规划社区"之一，学校、教堂、公园和零售商店都有规划用地。一所所小房子都是按标准建造的，然后排进一块专用地里。这一"加州方法"与现在想象的特许城市的方法不太一样，因为开发者建完城市就跑掉了，房屋所有者们需要自己来经营他们的小"村子"。但对于特许城市来说，软件是永远存在的。

除技术官员的骄傲自大外，最让人感到不安的是20世纪50年代的规划社区和未来的特许城市都是众人皆知的无灵魂空壳。而批判这种无灵魂的工作落在了音乐家的头上，最开始是马尔维纳·雷诺尔兹（Malvina Reynolds）的乡村民谣"小盒子"和弗兰克·扎帕（Frank Zappa）的"塑料人"，接下来是电台司令（Radiohead）的"塑胶花"和拱廊之火（Arcade Fire）的"蔓延 I（平原）"。被建造的故乡是一个"充满橡胶计划的城"。

所以，如果你是个机器人，那这地方挺好的。但如果你不是，那么这地方就实在是不怎么样了。

尽管这样，但依然有一些人，就好像他们是在弗兰克·卡普拉（Frank Capra）的电影里扮演极度愤世嫉俗的人一样，不断宣传着一些与技术工程师（虚拟）骨头化的城市不一样的理念。他们说城市在于它的精神——它的市民精神，这话像是市长在点亮市政大厅圣诞树的时候说的。这种老一套的陈词滥调和每一家本地报纸都会用的话，创造了一种谈论一些事物的魔力，可这些事物在莱文顿西建造出为第二次世界大战的老兵准备的生产装配线之后就不复存在了。而且这种认为有某种精神就可以激励并联合城市居民的想法是对美国原住民智慧遗产（不管这遗产还剩多少）的羞辱。看一看大城市可怕的公共交通，五环路环绕着城市，旁边有特许经营的街边小店和住宅区，这时你会发现"精神"这个词真是让人窒息。

所有这些都是在说，思考城市问题时，首要的就是要从根本上洞悉我们对城市的一切已有观点。所有专家们不周全的思考和所有那些陈词滥调似乎在代替我们进行思考。所以，让我们首先想清楚"什么是城市"这个问题吧。

一旦我们问出了这个问题，我们就不得不承认（转述圣奥古斯汀的话）："直到我思考城市的时候，我才知道城市是什么。"甚至，几乎所有研究城市历史的主流历史学家所说的城市都是"文明世界的人工制品"，那样的说法都是误导人的，因为它假设存在一个从古代城市，到中世纪城市，再到现代城市的连续演化过程（这也是一个让人惊愕的冗长排比）。

但是现代城市，特别是美国的城市，和1850年之前的城市几乎没什么关系。而且肯定和希腊城邦没什么关系。希腊城邦，特别是雅典，并不只包括它的城市中心、纪念建筑或古代市集，它还包括围绕城市的平原。成为一个市民，不单单意味着对城市中心的神庙和市场产生认同感，还意味着对农场、橄榄树、葡萄园，还有乡村牧场产生认同感。雅典阿提卡最远角落里的农民依然被称为雅典人。但与此不同的是，伊利诺伊州的芝加哥把它的农业"下城"当作派生物和某种意义上的芝加哥第三世界，并且对那里的悲剧和穷困冷眼旁观、无动于衷。

我们对于城市的经验与19世纪伟大的欧洲城市也没什么关系。当我们在托尔斯泰、巴尔扎克（Balzac）、普鲁斯特或伊迪斯·沃顿（Edith Wharton）的作品里读到那些城市的时候，感觉它们似乎是与我们相伴相随的永生之物。但真实的情况是，直到19世纪70年代中期，只有四座欧洲城市拥有超过100万的人口（伦敦、巴黎、柏林和维也纳）。拥有20万人的城市在那时已经算是主要的人口中心了。所有这些城市的人口加起来也比不上现在的一个洛杉矶。19世纪的欧洲大城市对环境产生的实质性影响与今天的特大都市相比，简直可以算是中世纪的城市了。除工业化的伦敦外，那时的欧洲城市所展现的是一种帝国文化（很幸运是这样），但如今我们对这种文化很陌生。最后一个这样看待城市的人是希特勒，他为建设他的家乡林茨设计了一个细致的迷你模型，里面包括纪念馆、剧院，还有博物馆。

据我们所知，城市是开始于19世纪后半期，并延续至第二次世界大战以后人类迁移的结果，而且难以置信的是，这种迁移在当下继续不断扩大。在1850年到1915年，成百上千万的欧洲人来到美国，他们中的主要一部分人来自农村。但在这里，这些人中的大部分都住在城市。当时，美国国内的人口迁移规模也很大，很多家庭因为找到了城里的工作而离开农村。这样的情况一直持续到20世纪40年代和50年代。

就我自己的经历来说，我的父母都是北部平原和西北地区农场家庭的孩子，但他们婚后在旧金山地区生活。我详细描述这些个人经历是想说，美国城市的发展不是一个抽象的过程，而是人们曾经亲身经历的过程。当然，我们也经常听到有人说，人们迁移是为了追求"机会"，但事实是，人们明显没有什么选择余地，如今人们纷纷离开乡村小镇就可以证明这一点。

在过去的150年间，城市并不是人们的目的地，因为人们觉得住在小镇也挺好的，他们可以在那里享受有名的咖啡饮品，在百货公司里购物。城市曾经是，而且现在也是资本主义的展现形式，并且有着中产阶级的优点：高效、分工，还有标准化。就像英国历史学家艾瑞克·霍布斯邦（Eric Hobsbawm）在《资本主义时代》（*The Age of Capital*）中所讲的那样，国际收割机公司（International Harvester Company）在1870年教给波兰裔员工们的第一句英语也是这个："我听到了哨声，我必须赶快动起来。"关于美国，他总结道："（它）并不是一个社会，而是一种挣钱的方法。"美国的城市与美国产业主义本身所创造出来的第一批伟大产品——柯尔特左轮手枪和温彻斯特来复枪并无二致。枪支制造业教给美国工业如何进行大量生产，如何标准化，以及可互换零件的优点。而且，产业主义创造的美国城市本身也是一支巨大的枪：标准化的、有巨额利润的，而且对任何受害者都冷漠无情。

过去的150年间，城市剥夺了我们的幻想。我们给了我们的城市一些好听的绰号——大苹果、天使之城、海湾边的巴格达、风城——这些就像是图画书上的名字，是为了招徕游客和像小孩子那样天真的人才想出来的。简单地说，实际情况是，我们所了解的和我们所居住的城市是一项盈利项目，而且，依赖于大公司开发的数字操作系统而存在的特许城市主导的未来只会雪上加霜，使城市成为盈利项目这件事变得势不可挡。特许城市不是家，它只是一份企业委托书。

20世纪30年代到40年代之间，通用电气、标准石油和凡士通对美国的各个城市中心进行了无情的毁坏，特许城市就是经过这一历史过程得到的结论。这些企业一个城市接着一个城市地买下有轨电车和城际铁路线，把它们撕裂开，创造伟大的乡村原则：要么开车出门，要么在家待着。洛杉矶是最有名的受害者，不过即使是中等大小的城市也变成了迷你版的洛杉矶，巨大的环路围绕着不幸的居民们，汽车快速地行驶，好像它们是粒子加速对撞机一样。这种摧毁不只局限于城市中心，甚至还延伸到了上千平方英里以外的"美洲汽车大沙漠"。

通用电气建造的世界是弗洛伊德所说的"人造神"的悲惨结局，这是借助机器增强人类力量的最终形式。弗洛伊德在《文明与缺憾》（*Civilization and Its Discontents*）中写道："人已经成为一种人造神，就像他以前的样子一样。当他用上他所有的辅助器官时，他确实很伟大。"在全球变暖的时代，我们要补充一句，这个人造神也同样在劫难逃。

对于资本主义而言，城市只是伟大的特大城市开发中的一个功能。在那里，人们甚至可以从拥堵中获得利润，即使这可能意味着垄断市场和剩余劳动力人口，或是意味着一个城市操作系统成为支持物联网运转的平台。在经济繁荣时期，一部分人可能会实现财务增长，找到工作，拿到高薪；但在低谷时期，他们可能要再一次陷入失业、穷困、混杂在各色人等的大量"剩余人口"中。

最近一次衰退的真实情况并不是上万亿美元蒸发，而是巨大的社会不安定因素的产生，这对于那些要重新适应环境的人来说是非常有冲击力的。在孟菲斯这样的城市，整个社区都曾有能力促进经济增长预期的实现，但仅仅在两年之后，那里就突然出现了西部地区的超级贫民窟、被剥夺赎回权的房屋，还有毒品店。你要如何向那些城市的居民说，他们曾经是某个城市的真正市民呢？如果那些百万富翁都不是市民的话，那么到底谁是市民呢？城市不仅仅是戏剧的发生地，其本身就是一场戏。

辩护者会指出自19世纪以来，有多少东西得到了改善，他们这样是讨人喜欢的——就像一直以来他们都是讨人喜欢的那样。例如，政府是如何通过劳动法、对企业的利润积极课税、提供公共学校和社会福利来整顿市场经济混乱状态的。

美国式城市的问题和它们自身并没有关系，因为之前我们刚刚分析了，我们的城市根本不是城市，它们只是维护社会不平等的结构。这个事实使改革者对城市罪恶的长期批判显得很滑稽，但又有一丝苦味。他们批判赌博、酗酒、骂街、卖淫，以及不遵守安息日戒律的行为。这些改革者通常都是当地的商业领袖，这种身份让人们愿意接受这种可笑的事。这种责备受害者的游戏一直持续到今天，只是增加了内城区与毒品和黑帮有关的犯罪问题，毕竟这些问题只能由专家来解决。（保罗·罗默的观点是，在未来的特许城市中，不守规矩的人和没有生产力的人根本不会被允许进入城市。穷人、罪犯和有自杀倾向的人只能找其他的地方落脚。）

值得注意的是，尽管现实很露骨，但极少有人能够一直记着这种现实情况，并且很快后退一步，开始对失落的道德、个人责任、严厉的监狱审判，以及城市的内在罪恶进行我们熟悉的道德说教。也正是因为这些才让HBO的电视剧《火线重案组》（*The Wire*）显得非常独特且引人注目；这部剧的每一季都没有忘记巴尔的摩的贫穷、暴力和毒品等问题是这个城市另一面中没有人性的利润攫取和政治腐败的反映。毒品团伙可以置人于死地的不道德行为也不过是一样的。毒枭斯丁格·贝尔向他手下的毒贩们进行了一次关于产品质量、供应、需求和罗伯特议事规则的演讲，这是人类喜剧中最棒的电视桥段之一。在该剧的最后，巴尔的摩不再存在，有的只是"商业"。

但我们热爱城市，尽管它用各种方式让我们心碎，但我们依然被吸引到城市中来。这到底是为什么呢？如果我们所知的城市只不过是资本主义技术、经济和社会当务之急的表现（它确实是这样的），那么我们对城市中一些事物的喜爱在技术资本主义秩序下就显得很讽刺了。我们喜欢的城市里的事物正是城市想要摧毁的如下事物。

民主：对共享观念和利益有着自我认识，也认识到为这些共同利益赋予政治权力是可能的（不管我们现在在这一点上有多么失望，

2008年巴拉克·奥巴马总统的当选就是城市民主的实质性成果，还有占领华尔街事件也反映了心甘情愿工作的民主理念）。

教育：教育不只是教育机构的事，当人们大量聚集在一起时，也可以进行自我学习以丰富自身。在城市里，人们互相教育：读这本书，听这首歌，去参加这个活动。不过，可能他们互相教给对方最有用的事是怀疑主义（"不要相信那个不实宣传"）。

艺术：对于那些为了离艺术和艺术家更近而来到城市中的人们来说，没有哪个地方比城市更具有艺术教育潜力了。这是对受到严格维护的日常生活所进行的不羁文化反叛。它塑造出了一种自由的形式，这种自由是工作文化和严格管制文化的自然对立物。而且讽刺的是，没有人觉得这种文化比中产阶级本身更吸引人且令人振奋，中产阶级可以买下自己生产的艺术作品，参加自己仪式化的展览，把自己包裹在生命意义之中。艺术生活向受过教育的人展示了城市带来的愉悦：书店、咖啡厅、画廊，还有餐厅。对于城市的狂热爱好者来说，正是这些令人愉悦的事物让巴诺书店、星巴克和像橄榄花园这类特许经营餐馆的成功变得令人无法接受。

就像路易斯·芒福德（Lewis Mumford）说的那样："借助艺术、思想和个人关系领域的创造性表现，城市才能被当作一个不仅仅是集合了工厂、仓库、营房、法庭、监狱和控制中心的纯粹的功能性结构。"

艺术是城市"依然没有实现的承诺"。

民主、教育、艺术，这听起来好像古希腊的梦依然沉睡在城市之中一样。在这个梦里，乡村和城市不是对立的，也没有不同。在这个梦里，城市和自然是一体的。这是自然的城市之梦，就像席勒说的那样，因为它融入了"自然的自由"之中。

被我们称为城市的那些东西并不值得我们去爱。我们应该放弃这个幻想，一个对行将死亡的文化的幻想。这个幻想是，我们可以通过技术规划多少解决一些城市的问题。这是在宣告城市是一个巨大的机械系统，就像弗里茨·朗（Fritz Lang）在电影《大都会》（*Metropolis*）中做的那样。摧毁机器城市的是机器灵魂（玛利亚的机器人复制品），这将是它最后的展示。通过机器人玛利亚，这个城市谋划着如何反对自己，然后实现自我摧毁。

浪漫主义者并不反对科学和机器，但是他们反对机器灵魂——人们相信机器灵魂就是一个机器。我们应该按照人类的比例，为了人类的目的，来规划人类空间。在我们建造空间的时候，我们应该想象人类身体居住于其中的样子，而不是为了实现所有人类职能而白费力气去造一个巨大的空间。每个人都应该明白这一点，即使是城市规划者也应该明白，尽管他们试图把对人性化城市的构想局限于一个有车库的商业步行街，开车的人会看到"到此止步"的标识，而行人则可以获得一张绿色空间邮票的古怪奖励。

占领华尔街运动有一个非常值得一提的成功之处：把真正的城邦（自然的城市）应该有的三件事融合在了一个强大的政治运动中。复兴城市的渴望和能力来自权力，而权力来自城市本身：民主、教育和艺术。这是一种天赋，当然工业城市从未想过要追求这些。尽管如此，我们的希望最终必须要归结于此，就像黑格尔说的，城市"意味着一些它想要意味的东西之外的一些东西。"

请原谅我的遐想

前面对自然的城市分析忽略了下面这件具有讽刺意味的事：正如我们所知，很多当代都市的"潮流人士"——那些生活于受教育人士才能享有的愉悦中的人，其实本身就是工程师、程序员、设计师等。他们在谷歌或上千个遍布全国的科技创业公司工作。全国农村地区人口不断减少，但人们并不是都去了旧金山和西雅图。甚至是艾奥瓦州的首府德梅因也会涌入一批在"硅谷第六大道"上求职谋生的年轻城里人。年轻的大学毕业生不只是涌向那些常被提到的地方，他们还会去丹佛、圣地亚哥、纳什维尔、盐湖城，还有俄勒冈州的波特兰。这是理查德·佛罗里达（Richard Florida）在很多年前就预测到的："创新经济"的伟大胜利。

这似乎也能支持泰勒·考恩关于未来机器经济的预测。一些年轻人来到城市，在科技公司里工作，另一些人则在为科技工作者提供服务的领域工作，尤其是文化和娱乐产业（地方菜馆、手工啤酒厂、音乐领域、滑雪指导，所有这些提供丰富资源的企业都是随从经济的一部分）。但在某个时间点之后，很难说哪个才是真正的驱动力：是工作，还是文化。在德梅因这样的地方，目前看来似乎这两者不分上下；技术公司提供经济活动，紧接着文化产业的加强使城市能够吸引更多的科技公司，接着又会增加对餐厅、自行车店、艺术中心的需求。当然，大部分创业公司是依赖投机性投资运营，并没有真正建立完善的产品，更不要说获取利润了——一旦创新经济变成了创新泡沫，硅谷第六大道就会像经历惨淡一周的华尔街，不过也还不至于沦落到变成"挥泪甩卖第六大道"的地步。

而有一个正在成长的行业叫作高端自行车技工。在这种经济中，这些技工可以想住哪里就住哪里，修理由"闪电"（Specialized）、"长途"（Trek）和"佳能戴尔"（Cannondale）（这里只列举了几个美国厂家）精心设计的世上最先进的自行车。大部分技工是热爱骑行的年轻人，尽管他们平均每年只赚 23 000 美元，但他们总是想穿什么穿什么，在店里用适宜的音量播放着"动物共同体"（Animal Collective）乐队的歌，并且似乎并不因为来找他们修车的客户买得起他们买不起的自行车而产生怨恨，如他们买不起闪电出的空气动力学自行车 S-Works Venge。但这都没什么关系，因为买得起 Venge 的人也喜欢"动物共同体"的歌，而且和这些技工一样喜欢喝帝国啤酒，他们会一起在周二晚上的骑行训练之后开心地互相敬酒。[1]

可能这是那些工程师、放荡不羁的人、资本家和艺术家们享受愉快精神聚会的一种方式。可能这只是时间问题吧，这种经济力量的良性共谋活动的自然演进最终会使工程化城市的弊病被广阔的绿化带、城市步行道和本地啤酒厂所掩盖。理查德·佛罗里达就是这样认为的：在一个理想的创新经济中，自由工作者和服务提供者将会发现他们并不是敌人，而是主仆关系；他们互相依赖并且联合在一起抵抗真正的坏人——生产方式的所有者（企业）。佛罗里达在一次接受《雅各宾》（*Jacobin*）杂志记者艾瑞·谢尔（Erin Schell）的采访时说道：

1　在伊利诺伊州的布鲁明顿-诺马（Bloomington-Normal）国家农场保险公司的系统分析师和程序员们会一起骑车，我们把这个活动叫作"周二之夜世界"。

我得说资本主义的核心矛盾……来自其企图强制实行自上而下的秩序和公司导向，以及将人类创造性的发展繁荣全部置于企业的控制之下——这是组织与创新性之间的矛盾。

　　如果马克思认为工人阶级是普遍阶级，那么我觉得创造性阶级——也就是每一个人都有创造性——是一个更为普遍的阶级。

用与之非常相似的逻辑，一些新马克思主义社会学家也提出理论，称无产阶级不再是资本主义唯一具有历史意义的敌人。阿尔文·古德纳（Alvin W. Gouldner）在1982年写了一本有独特先见之明的书《知识分子的未来和新阶级的兴起》（ *The Future of Intellectuals and the Rise of the New Class* ），他在书中描述了一个新的"普遍阶级"——就是他所说的"新阶级"——这个阶级由技术官员和人文主义知识分子组成。他们有着相同的教育背景，受同样的精英文化影响，有着很强的社会意识（环境保护主义、人权等）。这样想是挺好的，但是自古德纳的书问世的几年来，没有哪样东西哪怕有一丁点和他所描述的东西相像。恰恰相反的是，我们看到的事物更像是西奥多·罗斯扎克(Theodore Roszak)在1967年所做出的悲观描述：

人文主义者和技术员们应该为他们的共同产品感到自豪。比如一个航空航天业的计算机程序员，在工作之外，他是一个简单的享受文化生活的人。他聆听当地"好音乐"电台；他的书房里摆满了平装版本的柏拉图、托尔斯泰和莎士比亚的作品；他的墙壁被莫地里亚尼（Modigliani）和布拉克（Braque）的画装饰得十分优雅。他记得自己在人类学和英语文学课上学到的东西，这些知识装点了他的生活。在工作中，他洋洋自得又得心应手地致力于实现恐惧的制衡。

可能德梅因的第六大道和水牛城的中心城区会成为哈佛经济学家爱德华·格莱泽（Edward Glaeser）所说的"城市的伟大胜利"。但这些似乎都不能帮助那些没办法成为工程师或艺术服务者（这个词衍生自"咖啡馆服务生"）的人，而这些人在劳动力人口中占几乎一半。他们将会住在农村地区，并且愈发感到孤立无援，因为与工作不相关的老人、越来越多的拉丁裔和其他移民劳动力都希望像泰森肉类加工厂这样的公司能够被引入当地，即使这会成为一件非常可怕的事。例如，在艾奥瓦州的蒂普顿（Tipton），这个小镇中一半的人口都没有选举权。的确，德梅因依然有它自己的肉类加工厂（艾奥瓦州一共有130个），但这仅仅能反映美国对于两个经济体来说是非常重要的：一个是由技术员及其各种各样的随从驱动的第一世界经济；另一个是由移民、越来越多曾经为我们带来荣耀而如今被遗忘的同胞、正派人，和居住在美国核心地区的热心外籍居民所驱动的第三世界经济。徒有虚名的美国人，因为他们没有价格竞争力而被美国经济淘汰掉了。

可从像考恩和罗默这样的技术经济学家的角度来看，这没什么。因为在他们的想法中，他们追求的是：一个由高端消费[1]主导的经济；城市是技术的契机，充满了形式非常复杂的人类享乐方式；还有夸张的权力、财富，以及对像史蒂夫·乔布斯和比尔·盖茨这样最优秀的创新者威望的狂热崇拜，当然他们正在实现这些东西。

1　高端消费：纽约的高端消费品买家在2014年花掉了250亿美元，超过了整个日本的销售额，日本是第二大奢侈品消费国。我们上一次看到游艇，还是在新英格兰海岸，那些游艇无精打采地在港口浮沉，等着它破产的主人。当然，现在它们和个性化"超级汽车"一样，都是时髦的东西了。曼哈顿的瑞典床垫公司海丝腾（Hastens）生产的10万美元的手工床垫也是一样的。再来看个人奢侈品，自从2007年以来，奢侈品鞋的销售额首次超过了整个皮革市场。回来吧，伊美尔达·马科斯（Imelda Marcos），一切都是可原谅的。那些技术员都买些什么呢？排在《连线》杂志2014年圣诞节愿望清单首位的是"懒惰的苏珊66"（Lazy Suzi 66）餐桌"催眠旋转转盘"（525美元）。或者，你的家人们想要收到的礼物是布雷维尔欧瑞可（Breville Oracle）的意式浓缩咖啡机（2000美元）、富士的X-T1相机（1199美元，不包括镜头），或者是马丁洛根（MartinLogan）的增强无线扬声器（一个900美元的完美声音增强器）。这就是对关在公司里加班写软件手册的日子的回报。

5 #艺术机器人

让人感到震惊的是，大仲马和其他作家的作品里融合了夸大现实主义的元素，而这种元素是艺术，毕竟它们还融合了情感、人物，以及最为荒谬且不切实际的情境……如果这些人是雕刻家，那么他们会给他们的雕像上色，然后给它们装上弹簧让它们能够走路，并且他们相信这样做就可以更接近真实。
——欧仁·德拉克罗瓦（Eugene Delacroix）
《德拉克罗瓦日记》（The Journal of Eugene Delacroix）

美国人喜欢垃圾。我并不是被垃圾所困扰，我是被爱所困扰。
——乔治·桑塔亚娜[1]

设计花束是你自己的事

正如上面引用的欧仁·德拉克罗瓦的话，机器人艺术已经流行很长时间了。它在19世纪中期的"自然主义"艺术运动中达到鼎盛。在文学中，自然主义认为它所采用的方法是科学方法的一部分——客

---

1 可能为杜撰。

观、因果决定论，以此来描绘人物，并把人物看作没有自主性、由本能驱动的遗传和环境的产物。简而言之，这是一个充满了"生化木偶"［引自山姆·哈里斯（Sam Harris）］决定论的世界。然而在这样一个著名的运动中，自然主义的伟大践行者很少，只有埃米尔·左拉（Émile Zola）。亨利·詹姆斯（Henry James）这样描述他："这是一个大人物，大到让我们花了好多时间转着圈地审视他，只为了找到一个最省力的方法来理解他。"当詹姆斯找到了这样一个理解方法的时候（这不是阿谀奉承），左拉和他的自然主义，并不能通过一个严格的方法被解读："左拉笔下的主角们没有一个能像左拉的人物体系那样站得住脚。"

自然主义对"科学"的夸大宣扬并没有能经受得住像詹姆斯这样的批判家的审视，更不用说超现实主义和达达主义[1]对它的嘲笑了。但是，自然主义对客观的追求，以及对使用适宜词语描述世界的追求，一直以现实主义的形式伴随着我们走到今天。在大部分美国作家看来，文学只关乎"仿佛"和好玩的创意而无关真实性的观点是难以接受的，是黑白不分、相对主义，甚至是非美国的。所以直到今天，现实主义小说家被期待发现关于"我们是什么"的真理，就好像这是一些一直

1　达达主义是一种无政府主义的艺术运动，它试图通过废除传统的文化和美学形式发现真正的现实。——编者注

稳定存在且可知的真理，但因为一些原因一直未被发掘。更重要的是，人们相信现实主义可以不断地提供同样的东西，并提供相同的态度来对待现实，而且它可以通过一种与科学的现实主义假设相符的认识论来不断提供同样的东西，来让现状变得更好。当这样看待它的时候，文学现实主义就可以为生活在机械世界里被量化的灵魂提供一种合适的艺术形式了。

在过去50年中，现实主义和后现代主义持续进行的笔墨官司使用了很多拗口的词语。我一直对这些词语的创造者抱有同情心，但这不意味着我只是将现实主义视为一种文学技巧。作为一种小说创作方式，现实主义有着奇妙的能力，当现实主义适用的时候，即使是"最后设"的后设小说作家也很愿意依赖它。但在由经验主义和机械论思想主导的文化中，我们一直有可能忘记现实主义本身也是"仿佛"——"如果词语可以准确地模仿/反映个人和社会现实"——并开始把它看作一种制造真理的形式。这一问题开始于汤姆·沃尔夫（Tom Wolfe）1989年在《哈勃杂志》的文章《潜随十亿只脚的动物》，或是乔纳森·弗兰岑（Jonathan Franzen）在文章《偶然做梦：在影像年代创作小说的理由》（1996年《哈勃杂志》）中声称，社会现实主义是更有真实性的（因为它更加基于客观性），因此从道德上讲，它优于其他形式的小说创作。

我一直都没有明白这个论断背后的逻辑，但我猜它的逻辑是这样的：①语言有反映／表现客观现实的能力（这个逻辑肯定始于此，可问题是，这是一个极其幼稚，而且在哲学上并不被支持的命题。不过先不管这个，我们继续向下推！）；②文学现实主义用语言表现社会现实；③后现代或其他实验小说并不会这样使用语言。它的假设是语言只指代它自己；④因此，后现代主义对现实并不感兴趣，特别是对那些激发人类现实活力的价值不感兴趣；⑤也因此，它是不道德的，或者至少，它对有道德的东西不感兴趣。

　　如果作家不遵从这个逻辑，他们的作品就会被视为偏离主流的、不道德的，或者像出版商和编辑常说的那样，是非商业性的。就像杜布拉芙卡·乌格雷希奇（Dubravka Ugrešić）在《禁读》（*Thank You for Not Reading*）中写的那样：

> 　　文学市场要求人们适应生产规范。这是一条规则，它不能容忍不遵守规则的艺术家，它不能容忍实验者、艺术颠覆者和在文学语境中实践怪异方法的人。它奖赏那些在艺术上顺从的人、适应规范的人、勤奋的人，以及那些遵守文学规范的人。在文学产业中，作家是顺从的工人，他们只是生产链条上的一环而已。

我想强调的是，这不是简单的矛盾——不是在说什么才是更好的小说，谁才是更好的作家。可能主流文学／文化对于我们所说的后现代小说作家的巨大天赋而言并不公平，但这不是重点。重点在于，就像我一直在讲的，我们这个世界本身的虚构性是一直存在的。这个世界依然"由故事组成"。在持续不断对主流文学／文化的敌意中已经不复存在的是对这个世界是由故事组成的这件事的自我感知。我们所说的"后设小说"是讲故事的人与讲故事这个行为保持距离的最重要方式之一，这样就不会导致我们认为我们的谎言是真理了。失去了这种自我认识，我们就更容易接受塞给我们的意识形态。当他们说他们的故事不是故事，而是现实的时候，我们就更容易相信他们。泰勒·考恩并没有鼓励我们把他对未来经济的描述当成小说。他希望我们认为那是真实的，而且是不可避免的。像费英格那样的哲学家并没有在文化中扮演任何重要的角色，这给了像考恩这样的空想家很大的便利：这让他的工作变得更简单了。

　　最糟糕的是，沃尔夫和弗兰岑的观点并不是在捍卫现实主义，而是对现实主义的背叛。当亨利·詹姆斯总结说"小说家的原罪是承认故事只是故事（而不是真实的）"时，他并不是在说小说家沉浸于虚幻之中。小说家知道故事只是故事而已。（詹姆斯喜欢通过讲述餐桌上听来的片段式趣闻来创作小说；所以他很清楚小说和现实之间的联系是非常站不住脚的）。当假定的现实主义者约瑟夫·康拉德（Joseph Conrad）以老船员马洛作为第一人称在小说《黑暗之心》（*The Heart of Darkness*）中讲述故事的时候，他很清楚地知道自己在故事中加入了一定程度的讽刺和不可靠的描述。读者应该问这样的问题：马洛可信吗？他是不是只是一个疯水手？他能代表康拉德的视角吗？这些问题是非常必要的，因为康拉德很喜欢在小说中用分身或双人物的手法来表现人物——在这里是马洛——如何用一种道德上能够相互妥协的人物性格来看待自己，比如极其讨厌的无赖殖民主义者库尔茨先生。而马洛是康拉德的分身。通过马洛，康拉德审视了他自己对英国帝国主义的怨恨纠葛；不过，他的这种怨恨源于一个令人作呕的假设：欧洲具有优越性。这一假设使他的怨恨不再纯粹。

可以这么说，与担心读者是否把马洛看作一个接近真实的水手相比（他的确是一个被夸大了真实性的水手），康拉德还做了更有趣的事。其中一点很重要，《黑暗之心》进行了这样一种谋划：在审判坏人的同时，让你开始恐慌自己也是他们中的一个。[1]这种对已有手法——

---

1 《黑暗之心》出版于第一次布尔战争（1899年）的第一个年头。库尔茨（Kurtz）先生的"不保险的方法"很快被英国军队司令基奇纳公爵（Lord Kitchener）用在了第二次布尔战争中（一场游击战）。基奇纳命令部下把布尔游击队队员的女人和孩子们集中在一个营地里，只给她们提供一半份额的食物。库尔茨认为这种命令是"解决所有麻烦"的办法["听我的就能好过，不听我的就得死。"康拉德在《海隅逐客》（*An Outcast of the Islands*，1896）中这样写道。那些不听命令的人确实都死了]。

分身手法——的运用使《黑暗之心》具有了自我意识和自我反省的意味：现实主义倡导者告诉我们，小说不应该是现实的。它不止探讨了殖民主义的道德性，它还探讨了一个西方小说家在描写殖民主义的同时，如何不与他所描写的殖民主义有所牵连。

康拉德和他对故事的描写保持着巧妙的距离，这种距离是很讽刺的，而且还促成了像《浪漫》（Romance）这类作品中对后现代的滑稽模仿。在《浪漫》中，康拉德[与福特·马多克斯·福特（Ford Maddox Ford）]深耕了冒险故事所有老套的细节（包括一个少年被海盗绑架），然后创造了一些非常有吸引力的东西。这是一部自觉的类型小说，而且是这种类型小说中非常优秀的代表。康拉德理解亚里士多德的意思：模仿——艺术对现实的反映——不是模仿外在世界，而是模仿"可接受"的文学形式，特别是那些支持特定文化中主流思想的文学形式。但是《浪漫》在表现接受的文学形式（一个浪漫主义冒险小说）的同时，还嘲笑了它，像是在说这小说在夸大其词。当然，这确实是极度的夸大其词。《浪漫》是偏离主流的。它用了一个技巧，这种技巧是所谓的美国后现代主义者惯用的典型技巧，然而康拉德总是被当作一个现实主义者（或是"浪漫现实主义者"），当作是可以用来打击实验者们的伟大经典作家之一。

所以，真实情况是，所有的小说家在某种程度上都是报道经历的记者，同时也是技巧精湛的操纵者。不懂这一点的小说家的确可以说是很愚蠢的了。这样看来，托尔斯泰和康拉德、卡夫卡（Franz Kafka）和乔伊斯（James Joyce），都处于同一个平面上，尽管我们要考虑这个平面对于他们来说有不同的斜度。即使是亨利·詹姆斯也不愿承认小说创作应该遵循某种原则。他在《小说的艺术》中写道："人性的影响是很重要的，而现实有无数种形式；最为确信的一点是，有的花是有香味的，有的是没有香味的，就像小说一样。至于说要提前告诉你花束应该如何设计，那就是另一回事了。"

现实焦虑症

哲学对人们解决现实与叙事技巧之间的不相容有所启发，我最喜欢的是法国哲学家保罗·利科（Paul Ricoeur）的伟大作品《时间与叙事》（第一卷）（*Time and Narrative, Volume I*）。这是一部令人印象深刻的作品，浅显易懂且引人入胜。利科认为，现实主义的问题与真实或虚假没什么关系。这个问题在于什么是熟悉的，什么是不熟悉的；什么是可接受的，什么是不可接受的；什么是和谐的，什么是不和谐的。

他写道："时间成为人类时间的程度，取决于在经过叙述之后，时间被组织起来的程度。"一个显然的例子是：我们被灌输了这样一个观念，事情总有一个开端、中场和结尾，不然那就是一个杂乱的事件。或者（领袖人物的）英雄事迹教我们在读这些英雄故事时要在真实事件中寻找相应的英雄和坏蛋。很不幸，美国的对外政策就是给人贴上"朋友"或是"恶人"的标签。ISIS的阿布·贝克尔·巴格达迪（Abu Bakr al-Baghdadie）就是一个例子。

这些叙事并不是静止的，事实上，它们的本质就是不稳定的，因为它们只是故事。更重要的是，它们在利科所说的一致和不一致之间摇摆不定。在一致的时候，人们重复着他们的核心误解——故事给他们一种"信仰"，并且赋予他们一种身份，以此让他们感觉到一种社会连续性。于是，美国人一遍又一遍地给自己讲述着他们的"开国"故事，尽管有些故事是错乱且自相矛盾的：国父们怎么可能是具有同一性智慧的化身（事实上他们互相怨恨，特别是联邦主义者和共和党们）；这些聪明的国父们怎么会创造一个"在上帝光芒下"的基督教国家（事实上很多国父——杰斐逊、潘恩、富兰克林——是自然神论的怀疑者。）；第二修正案的意思怎么会是说我们都有权利以攻击为目的持有来复枪呢；而且为什么每个人都应该努力奋斗，来实现被视为成功标志的美国梦呢。这样的例子还有很多。这些故事可能是错乱的，但它们对很多美国人来说是有安慰作用的，质疑这些故事就是在挑起激烈的辩论，甚至挥拳相向。

从一个更为复杂的层面上来看，读者从现实主义传统中获得了类似的安慰。现实主义小说提供了一种方式，让人感觉我们知道我们是谁，我们了解这个世界，我们知道构建时间的方法等。这是一种重新确认。现实主义世界和我们认为我们生活于其中的真实世界的一致性提供了一种重塑的方式，这些被重塑的东西被一代又一代地传下去，并因此成为道德正确的东西。就像艾恩·瓦特（Ian Watt）很久之前在他的书《小说的兴起》（*The Rise of the Novel*）中揭示的那样，现实主义小说用简单易懂的方式运用经验主义和中产阶级真理，让它成了中产阶级文化中的主导叙事模式。

对于美国文化来说，现实主义小说传统是一个巨大的反馈链。就好像读者在说："你曾经教我要抱有读到这种传统小说的期望，我也确实这样做了。而且我要求读到这样的小说，所以如果你不这样做，那么我就要投诉了"这可能是强迫症的症状。我们希望这个世界和我们读到的这个世界的样子一致，可我们又担心世界实际上不是这样的，所以我们重读这些故事来反复确认。"怪异的"小说（我的学生总是坚持把这叫作创新性写作）威胁着我们对我们是谁的认识。现实主义因此不再只是众多文学技巧之一；它是一种治疗现实焦虑症（Reality Anxiety Disorder，RAD）的方法。

未来的小说会有十亿个读者

现在，你可能会想，在这个科技发达、极度新潮、有着好多权威的博客名人和《连线》杂志作者的时代，我们可能会习惯于现实受到质疑，因而使现实焦虑症有所减轻。毕竟，这是一个众包和众筹平台的时代，而不是作家协会的时代。奇怪的是，尽管科技可能会引起混乱，但科技背后的心理现实却变得更为常见且熟悉（我前面说过类似的话，就是在我谈到互联网经济从常见的新教教义中发展出他们的工作道德准则的时候）。

比如说，在哈珀柯林斯（Harper Collins）出版社运营的"作家自治"（Authonomy）网站上，读者可以对提交到网站上的作品手稿进行打分（目前该网站有10万用户和15000份提交的作品）。这太棒了，不是吗？但你可能想不到的是，作者实际上是在用这个网站来修改作品，以使其更适应读者的期待。例如，青年作家桑迪·霍尔（Sandy Hall）只是根据网络读者的建议修改了一下自己的处女作《有一点不同》（*A Little Something Different*），就将其出版了。霍尔说："经过网上检验后，你完全可以将其修改成人们想要看到的样子。"同人小说作家安娜·托德（Anna Todd）是2500页小说《之后》（*After*）的作者，她这样描述她的写作习惯："我了解应该如何写作的唯一方法就是用我的手机从各种各样的人那里得到即时反馈。"[1]到2014年10月，《之后》已经在免费小说网站Wattpad上收获了超过十亿的阅读量，托德与文学作品出版商西蒙与舒斯特（Simon & Schuster）公司还有着6笔交易，而且还与派拉蒙合作拍电影。[2]

其实没有挑明的是，这类小说的读者想要读的其实是他们过去读过的东西——比如现实主义和类型小说。经过这种审核，《有一点不同》从定义上来说与那些小说并没有区别。或者说，如果她想再出版一本新书的话，也最好不要有不一样的风格。

抑或是芝加哥的"协作作家"，他们是写出第一部众包网络小说的人，众包过程是非常痛苦的，每一个句子的完成都会经过痛苦的折磨。这是他们的共同才智创造出的第一部作品：

> 污水的酸臭气味从运河的冰缝里飘出来，傲慢地宣告着
> 早春的到来。在运河另一边的某个地方，一个几乎无法听到

---

1 这可能会让人想起披头士的歌曲《平装书作家》里的歌词："如果你喜欢这个风格，我可以让它变得更长；我想修改它，我想成为平装书作家。"
2 很显然，通过Spotify提供在线音乐播放服务也与之很类似。根据2015年《连线》杂志的一篇文章，一个名叫马特·法利（Matt Farley）的青少年咨询员，在一个月内写了200首歌，并且用Spotify发布出去。他在过去7年间已经写了27000首歌了（他有一张专辑，里面92首歌都是关于订书机的）。去年，他赚了27000美元，而真正的音乐家[不是肯依（Kanye）和碧昂丝（Beyoncé）]在那时很难赚到钱，他们靠音乐挣的钱还不如在演唱会上卖T恤挣得多。

的柔软的声音盖过了移动的冰块和垃圾的呻吟声："救命。"

扎卡里停下了脚步，他一开始不太相信自己的耳朵。

除了那些超越文本的夸张描写，其实都是我们熟悉的东西，就好比是看到一个小男孩弓着背趴在计算机上吃着Taco Bell[1]的火山玉米片的场景那样熟悉。

当然，如果说对于现实主义认识论的忠诚是激励这种"云作家"诞生的动力，那么就是过分夸奖他们了。他们面向的是市场，而且最终也是市场激励了他们的创作。

在这里，作家可能会说任何他们想说的话，只要没什么实质性问题。焚书事件不会在这个国家发生。当然，这里也没什么可值得烧的了。

遗传的愚蠢

不幸的是，通过重复接触熟悉的东西来进行确认和受到安慰是有效的，正如尼采所说，这个效果是"逐渐增长的遗传性愚蠢"。用尼

1　美国一家墨西哥风味连锁餐厅。——译者注

采的话说，愚蠢伴随着一致性，并且创造了"被束缚的灵魂"。衡量一个群体真实性的方法是看他们的效用；如果任何没有被束缚的灵魂说出离经叛道的话，并且危及这些有用事实的稳定性，那么这些灵魂就会被视为犯了错误，这不是因为他们的话可以被证明是错误的，而是因为他们被认为危及了整个群体。往好了讲，他们会被认为缺乏高尚品德；往坏了讲，他们会被认为是恶人。

作为一种辩证法的叙事

在一种健康的文化中——我们的文化显然不是健康的——我们社会的叙事是会变化的，有时这种变化是非常剧烈的。问题在于解释重复和改变如何归属于同一进程？一致如何与不一致联系起来？和谐如何与不和谐联系起来？它们只是简单的对立物吗？抑或它们以某种方式相互依赖？

如果你仔细想一想这件事，即使是对最具有一致性的、可被接受的现实主义戏剧，不一致都是基础。总有那么一瞬间，熟悉的事物会突然受到质疑，或者是被推翻。在传统的情节中，"正常的日子"会被"困难"打断（对正常状态的威胁，对恒定内环境的威胁），接着是"起始行动"（在这个过程中矛盾逐渐累积），然后是"危机"。夏洛克·福尔摩斯正在练习拉小提琴，华生坐在扶手椅里抽着烟看着报纸——接着，突然传来了敲门声。一个背着枪的男人抱着一个包裹跌进了门里。一个性感的女人也走进来，她的脸上蒙着面纱，她还吸着一支烟。或者是进来了一位性别不明，有点奇怪的陌生人，手里还拿着一把很小的枪。[哦，抱歉，那是《马耳他之鹰》(*The Maltese Falcon*)的情节。但你懂得我的意思。]我们的"正常感"受到了威胁。"文本的快乐"在于尽可能长时间地保持这种有反常态的不适感。在同样的例子中，福尔摩斯可以继续演奏被打断的协奏曲，或者山姆·斯佩德可以站起来卷雪茄，艾菲·普瑞尼则坐在桌子上为他点燃雪茄。这种传统的叙事以不一致为开头，但最终它只是又一个重复确认现实的机器，成为对抗现实焦虑症的手段。不用担心，没有什么会比这种假设真实的现实主义更虚假和不真实的了。

这像是弗洛伊德所讲的关于一个小男孩的故事，那是他的孙子，在他妈妈离开家的时候就会感到焦虑。所以弗洛伊德发明了一个名为fort/da（不在和在）的游戏来使小男孩确认妈妈最终会回来，并因此能够管理自己的焦虑。他把一个拴着线的娃娃扔到离小男孩很远的地方（不在），然后把它拽回来（在）。文学现实主义也常玩这个游戏，它扰乱读者对正常状态的感觉，然后再把读者带回文化的恒定环境中。

与这个游戏相比，更能引起混乱的是通过打破新的恒定状态来对重复确认现实主义的机器造成威胁：实验小说、非写实主义艺术，以及无明确调号的音乐都属于这一类。他们实现了"不在"的状态，但并没有返回"在"的状态。可这种混乱且非熟悉性的艺术作品却成了浪漫主义时代以来的艺术运动标准。交响曲成了牢笼吗？先来一曲贝多芬的第五交响曲；当觉得它成了牢笼的时候，再来一曲勋伯格（Schoenberg）的《月迷彼埃罗》（*Pier-rot Lunaire*）。宫廷画法被奴役了吗？先画几幅戈雅（Goya）的黑色画作；当感到它被驯服的时候，再画埃贡·希勒（Egon Schiele）的《张开双腿的妓女》。感觉被交响曲压制住了吗？写一首华兹华斯（Wordsworth）的诗歌《序曲》（*Prelude*），这是对熟悉世界的真正宣战；当感到《序曲》不足以抵抗的时候，再来一首艾兹拉·庞德（Ezra Pound）的《诗章》（*Cantos*）。迷幻音乐被本土化了吗？用雷蒙斯合唱团（Ramones）、天鹅乐队（Swans）和朋克音乐来为它打气。艺术运动试图不与中产阶级的重复确认扯上任何关系。"现实症"（不管有没有焦虑）便是它们的"母乳"。

　　这依然没有说明这两种叙事是如何和谐地融为一体的。所以利科提出加入第三个概念，并且为这三个概念创造一种动态的（辩证的）关系。他把这种整合称为三重模拟（M1、M2和M3）。这听起来更复杂棘手了。M1是预期阶段，这个我们偶然降生于其中的世界给人们提供了一种文化——美国文化或是塔利班文化——或是一种对于什么应该算是真实的／正常事物的"预理解"（这是尼采所说的"继承"）。M2是结构阶段，也就是作家发挥作用的时期。在这个阶段，作家可以选择确认M1或是在一定程度上质疑M1，这种质疑可以是缓和的，也可以是革命性的。这使叙事有了活力，也因此有了变化的可能性。最后，M3是读者发挥作用的阶段——重构阶段。读者／听者／观众可以从传统的文本构建中获得安慰，或是因为文本没有确认事实[比如创造出了《愚比王》（*Ubu Roi*）、《春之祭》（*The Rites of Spring*）或是猥琐的表现主义作品《青骑士》（*der Blaue Reiter*）这类不像话的作品]而发怒，又或者，读者可能会容忍这些不像话的新潮作品，就像是上千人容忍了19世纪80年代自我毁灭式的法国象征主义作品和20世纪80年代的朋克音乐一样。乔治·W.S.特洛（George W.S. Trow）曾经为这类离经叛道的作品说话：

> 男孩为了看伤疤是如何形成的而切开自己的皮肤，他那时想的是，在他决定这么做之前，生活是多么令人讨厌且无法容忍，以及成为那些曾经设想过自伤的新贵族一员是多么舒爽的事。

通常，对于离经叛道的喜爱不是源于固有的任性，而是源自本就存在的对这个世界本身的不满，这种不满来自这样或那样与世界脱离的体验。[1]持异见的艺术家通过艺术作品，为那些与世界脱节的人提供安慰，这些艺术作品可以被理解为是在表达对未来（更好的）乌托邦世界的渴望。他们在一个重构的世界中提供自由和幸福的可能性。但首先，这个世界必须被摧毁（从比喻意义上来说）。例如，激进异端的迷幻乐或是音速青春乐队（Sonic Youth）的艺术摇滚可以引导我们反对家长和权威的世界，它还可以引导我们去拥抱城市"景象"（"东村"，East Village），也就是"地下（文化）"或是次文化[最著名的例子可能就是"感恩而死"乐队（Grateful Dead）的"死亡国度"，后来演变成了"火人祭"活动]，所有这些不参与政治的活动——不只是因为没有能量、没有渠道或没有钱，而是因为从根本上就不会参与。通常，这种对异端艺术的热爱只会发生在少数人身上，但它可以发展成为一个重大的挑战，特别是当它恰巧碰到一次政治危机的时候，或者是当它找到可以与学生或工人运动联系起来的方法时（就像20世纪70年代意大利的独立运动）。

利科总结道，理解叙事的社会功能的最好方式是把它当作"依据原则进行的变形"。叙事不只是重复可接受的事物，它也是"有创造

1　就像史蒂芬·迪达勒斯（Stephen Daedalus）在乔伊斯的《尤利西斯》（Ulysses）中的评论："我宁可让我的国家为我而死。"这是一种非常朋克的情感。

力的"。叙事是"沉淀"和创新之间的动态关系。叙事既不是现实主义也不是实验，而是两者都是。

正是因为这样的原因，我们不仅忠诚于一种继承来的秩序感，而且还沉迷于未成形的新兴事物。我们想要稳定，但我们也想要约翰·巴思（John Barth）所说的"最好的下一个"。

利科面对的巨大哲学问题是，这种动向将去向何处？这只是一个无意义的循环吗？或者它将走向什么地方？它有一个方向、目的地，或是一个纯粹的乌托邦吗？利科认为叙事不是一个循环，而是一个像泉眼一样的漩涡，导向一个更好和更自由的地方，可他并没有提供一种方法让我们知道这些话是否正确。总之，不管它将去向何处，利科所描述的的确是文明演进的方式。

在过去的一百万年里，人类文明已经成为最重要的影响因素，人类文明中的一部分使人成了现在的人。

——雅各布·布朗劳斯基

乏味与尖酸

在2014年一场由佳士得举办的艺术品拍卖会上，一个名叫戴维·加奈克（David Ganek）的对冲基金经理，拍卖了一幅托姆布雷（Twombly）的画和一幅沃霍尔（Warhol）的画；彼得·布兰特（Peter Brant）拍卖了巴斯奇亚（Basquiat）和哈林（Keith Haring）的油画；赌场大亨史蒂芬·维恩（Steve Wynn）拍卖的是德·库宁（de Kooning）的画；还有罗纳德·佩雷尔曼（Ronald O. Perelman），拍卖了罗斯科（Rothko）的画。在那些日子里，佳士得举办的这种拍卖会就像是财政部的证券销售会。

即使是佳士得的掉进钱眼里且没有信仰的专业员工都在抱怨。布莱特·格瑞（Brett Gorvy）评论称："这些人的观念和看法已经变了。过去，收藏家很少用房产或股票投资组合的分析方法来投资艺术品，但现在，越来越多的人开始把他们的收藏品看成与其他资产一样的东西了。"

收藏家的浪漫情怀没有了，[早在格瑞（Gorvy）先生发觉这一点的很久之前]已经被对遵循工作"轨迹"的投资工具的兴趣所取代。艺术品和股东的全球销售在2013年达到峰值680亿美元。大多数博物馆被排挤出市场，一小群愿意花2500万到5000万美元买一件艺术品的人取代了他们。

克里斯汀·斯莫尔伍德（Christine Smallwood）发表在《哈勃杂志》上的给唐·汤普森（Don Thompson）的《超级模特和布里洛盒子》（*The*

Supermodel and the Brillo Box) 的书评写道：

> 艺术世界并不是一个关于自信的游戏——它是一个无监管的金钱市场，画廊和拍卖会向拍卖者和收藏家贷款。这个"免费"的市场在各处的运转方式一样，是被其他东西支撑并建构起来的。按照惯例，拍卖价格被像穆格拉比（Mugrabis）这样的感兴趣的收藏家和像拉里·高古轩（Larry Gagosian）这样的交易商抬高，他们不想让自己的东西掉价。太多的财产集中在很少一部分人手中，因此倾销的威胁肯定会，而且也确实是在逐渐地被消除。

就像斯莫尔伍德说的这样，把艺术作为投资工具是具有不确定性和风险的。的确如此，但艺术市场是不确定的，这是另一种形式的不确定，而且程度要大得多；这对于基于资本主义价值世界的脆弱性来说，是一个特别又生动的例子。

当然，艺术作品本身承载着意义，即使这个意义是愚蠢的，拍卖会上很多价格昂贵的当代艺术作品就是这样[比如杰夫·昆斯（Jeff Koons）和凯斯·哈林（Keith Haring）的作品]。弗朗西斯·培根（Francis Bacon）的三部曲《弗洛伊德肖像三习作》(*Three Studies of*

Lucian Freud）[这三幅画在2013年以1.42亿美元的价格被卖给了赌场大亨伊莲·维恩（Elaine Wynn）] 对于观看者有很大挑战：观者必须想象到一些令人觉得困扰和不愉快的东西存在于画作之外的黑暗空间中。不过，这种挑战并不是那么重要。毕竟，拍卖会上的大部分作品都会被交到私人收藏者手中，或是被买回去放到有保险系统的地窖里，在那里，他们唯一的观看者只会是伦敦劳埃德保险社的员工代表。

也许，成功的竞标者伊莲·维恩是一个老派的"艺术爱好者"。可能她非常敬仰培根的深度，但《三习作》在拍卖会上的价值，也就是她竞标报出的0.42亿美元，超过了佳士得的预期。可能她报出这个价格的原因在于，这是一位著名画家所画的另一位著名画家的肖像，而这位被画的画家恰好是西格蒙德·弗洛伊德（Sigmund Freud）的孙子。不管你信不信，关于这幅画"著名"历史渊源的故事是有据可依的，是有保证的，这个保证就是近1.5亿美元的投资。维恩在购买作品后，把它借给了波特兰艺术博物馆，但是在博物馆外面排长队等待参观的人们，大部分是因为这幅画值那么多钱才被吸引来的。就像菲利普·肯尼科特（Philip Kennicott）在《华盛顿邮报》上开《三习作》的玩笑："现在，它因为贵而出名了，这可不是像一些名人因为有名才有名一样。"

如今，艺术作品成了被赋予最高昂价值的人类创造品，这是老生常谈的纯抽象资本主义的魔力：把人类价值转换为可交换的价值。在某个已经过去的时刻，艺术市场只会是一个单纯的数字交换。艺术是值钱的，但是钱值什么？钱是终极数字游戏。[1]对艺术市场的狂热不仅揭露了艺术的价值依赖于共同的幻象，而且金钱本身的价值也是如此。

沃霍尔不是一个艺术家的名字，这是一笔钱的名字。"沃霍尔"是一个巨大的数字，因为它的面额（汤罐头、布里洛盒子的复制品等等）被假定是稳定且会上涨的。但它也可能会通胀或是紧缩，就像股票、政权，或是国家货币一样。杰夫·昆斯也是货币，但不那么稳定。所以，唯一在人们之间转手的东西是数字，这些数字因为某种原因与这些被称为"艺术作品"且难以理解的护身符有关。买这些作品的亿万富翁就好像退化成了南部海滨的原住民，坚称某些古怪的东西有着神奇的魔力——比如一个用谷壳做身体，珍珠做眼睛，彩色丝带做头发的娃娃——但他们并不能解释为什么这东西那么重要，或者为什么没了这些东西他们的世界就要崩塌。艺术市场的投资者需要害怕的不仅是经济波动产生的泡沫和庞氏骗局，还应该害怕有一天他们会恐慌地

1　应该把这个游戏放在命理学中，那是它应该属于的地方；有传言说培根的作品批号因为一个中国竞标者而改变了。就像唐·汤普森（前面引用过的人）说的："这幅画本来在目录里的编号是32，但他们把它提前到了8A的位置。显然是有一个中国竞标者很喜欢这幅画，但只有在这幅画标号为8的时候他才会买它，因为8是个吉利的数字。"

看着对方问："我们当时在想什么？这都是些什么玩意儿？我们到底被什么迷住了，偏要说一个玻璃做的气球狗值上千万美元？卖掉它！卖掉它！"

艺术市场其实就是一个庞氏骗局，但有一点不同。艺术市场让人们投资没有实际价值的资产，并且不断地进行交易，直到整个架构破裂，最后一个买下资产的人[天哪，他花了130万美元，买了巴斯奇亚特（Basquiat）那个看上去像巫毒娃娃一样的涂鸦]输得连衣服都不剩。可不同的是，每个卷入骗局的人都知道这些资产没有实际价值，丝毫抵不上他们为这些资产支付的离谱价格。（记得那些音乐椅子吗？）能使投资者感到自信的唯一合理原因只存在于一小部分投资者：那些非常富有的人不会允许这个市场衰落。他们会把一个失败的作品抬到高价，以保护收藏的"沃霍尔"的价格。他们就像是1929年经济危机中的企业，为了保护共同价格而买回他们自己贬值的股票。

对资本主义秩序的维护取决于真正的一千零一夜故事，这些故事的目的只是为了激发认同感，从而在这些产生认同感的人那里获得合理性。但是佳士得的艺术拍卖展示的是，理想的资本主义想要脱离所有这些叙事的固有观念。他们更青睐纯粹的抽象性，不需要关于著名画作和画家的愚蠢故事，他们青睐的东西要与他们享受瑞士达沃斯山上新鲜、令人神清气爽的风有关。在达沃斯，极富有的人可以卸下所有伪装。在那里，艺术中人性的不纯净被洗掉了，尤其是艺术家的光环也被洗掉了。

然而，即使是在达沃斯位于最高处的享有特权的城堡里，他们依然不得不继续讲着这样的故事：那是艺术，而且艺术是有内在价值的，艺术有"美感"或"重要性"。这些显然是空洞的赘述。可即使如此，他们也不得不讲着作为鉴赏家的故事，毕竟只有他们这些财富的正当所有者才知道如何巧妙操作才能使艺术之美以金钱的形式表现出来。而且重点在于，艺术作为交换的介质，就像钱本身一样，它的珍贵性只是因为所有者认为它是珍贵的。

这是资本主义灵魂深处多么愚蠢且显而易见的废话，他们应当感到困惑和恐惧。更令他们感到害怕的是，极富有的人懂得只要他们不得不继续讲这样的故事，他们就会是脆弱不堪的；他们担心有人会拆穿他们的魔术，指出价值只是幻想。实际上，不存在什么可以等同于价值的东西，这只是诈骗。

这其中的恶来自富人的自尊，如果他们停止讲述这些愚蠢的故事，他们就不会感觉自己是宇宙的掌控者，他们就会觉得自己是有着不可告人秘密的人，是失败者，是骗子，等着被人揭发。只要他们在推销，他们就可以成为掌控者；只有被骗的人承认他们是老板的时候他们才会是老板。瞧瞧，他们不得不对他们自己，以及其他70亿人类讲的故事是什么:"我们是君主!艺术是昂贵的,因为我们说它是昂贵的!我们知道哪个艺术作品是美的,哪个不是!所以,美的作品值上亿美元!这一件作品就能值你们住的那些破镇子里所有的楼房!所以,敬畏地仰望我们吧!"

第二部分

值得坚守的东西

让我们所有人向愚蠢学习。

——蒙田（Montaigne）

希望，是一种可以原谅的疯狂。

——罗伯特·库佛（Robert Coover）

　　当我们"继承愚蠢"的时候我们到底继承了什么？我们继承的主要是故事。这些故事可能对个人来说是具有毁灭性的，对整体来说则是灾难性的，但要想站在这些故事的对立面是需要勇气的。在当下，最有力的故事一方面加速了我们生活世界的非人性化和非物质化，另一方面则促进着自然世界整体的破裂。当然，这两方面是相互联系的：如果自然世界破裂了，那么科技发展的速度应为此负责。

　　如同古希腊悲剧中的角色一样，我们似乎命中注定要推动科技发展到终极阶段，就仿佛我们是被恶神附体的。我们称这些神为"好奇心""创造性""理性"和"进步"，但当这些词被技术专家歪曲的时候，它们则更像是启示录中的四骑士。技术专家解释说，如果他们利用这些特质，那也是因为正是这些特质让我们成为人类。"不使用我们的好奇心和创造性力量就是在否认我们的人性！"所以，我们回去继续做类似的研发项目。同时，当我们在做着电子羊[1]的白日梦的时候，就像汤姆·威茨（Tom Waits）唱的那样，"地球在尖叫声中毁灭"。

尽管过去和未来遭到破坏，但现状敦促我们保持希望，即我们可以继续生活在我们继承的愚蠢中，而不必自我灭亡。我们频繁地被教导要保持希望，就像"幸福产业"的研究者们教导我们要保持快乐一样频繁。但是为什么圣保罗的居民必须要保持快乐或者希望呢？毕竟这个有着1100万人口的重要工业城市正在按配额供水以应对因为环境退化和干旱所带来的水资源短缺。它会成为第一个因为气候变化而分崩离析的主要人口中心吗？又或者它会成为下一个洛杉矶和圣华金河谷吗？

对于技术专家来说，希望通常是这样的："技术可能会成为引发问题的源头，但它也会成为解决方案的源头。"而恰恰是这种希望更加重了技术专家们的疯狂：做着同样的事情却期盼着不同的结果。但如果我们想要有所希望的话，那我们应该秉持着像罗伯特·库佛在他1964

---

1 "电子羊"是一个分布式计算项目，用于将不断演变的分形火焰动画化，然后将其分发给联网的计算机，计算机将其显示为屏幕保护程序。——编者注

年的小说《布鲁内斯的起源》(*The Origin of the Brunists*)中所说的那种希望——一种"可以原谅的疯狂"。这不是期望毁灭的传言不会成真，毕竟我们的机器可以无限地被调整修正。这是在期望我们可以把旧的、置人于死地的故事抛在身后，然后生活于新的故事当中。不过，在一个人们与他们的故事息息相关，就如同人们与他们的器官一样息息相关的世界里，人们能被劝服抛弃他们的故事而接纳新故事的想法似乎是疯狂、愚蠢的。

而且在很大程度上，我们"正在"离开我们出生时所处的那些故事，同时将自己投入到新故事、新文化及新人类与宇宙之间关系的创造中。西方佛教的快速传播就是一个例子，现在的它已经随处可见，尽管这不是极客们喜欢的"引爆点"。但我们不需要成为佛教徒，就能够找到可以投入的另一种故事。我们有通过艺术来表现反主流文化的传统（而且还有努力实现进步的社会改良群体）。所有的艺术都是建议式的：这是一个你可能投入的世界（这首音乐、这幅画、这首诗），尽管通常不仅仅是这件艺术作品创造了我们投身的世界。但就像利科展示的那样，那是意识形态而不是艺术。这本书的最后一部分将会澄清自浪漫主义第一次体现出拒绝和自我创造以来出现的异见或乌托邦式的艺术传统。而我还会试着展现这种传统如何被沿用到未来（假设我们还有未来的话）。

我承认，"希望"由新故事组成的世界能够把我们从机器人手中或从气候毁灭中拯救出来的想法是绝对不可能实现的。尽管这很符合我们的需要。但我们应该将最为纯粹的科学和技术从那些故事中解放出来，用德怀特·艾森豪威尔（Dwight Eisenhower）那个著名的警示来讲就是，这些故事声称我们的幸福依赖于通过"军企共同体"来发挥作用的科学。至少，科学和技术的倡导者们需要为他们工作所产生的实际后果承担更多的责任。他们需要有道德上的智商。但现在，他们没有。

很可惜，这些观点看起来似乎并不充分，但我希望的是我们能够创造一些故事来说明，在一个与我们现在世界相反的世界中，我们可以生活得更明白、更诚实，而且面临毁灭的可能性更小。我们甚至可能希望那些学习STEM专业的人加入我们，来共享玩乐和创造性的精神，而不是共享利益和自我扩张。如果这样的希望是疯狂的，那它也是一种应该被原谅的疯狂。

美的陌生之处

如果意识形态的目的是让某些观点和美的形式对人们来说更加熟悉，并且因此显得"正常"，那么艺术的目的就是让同样的形式变得陌生。就像波德莱尔（Baudelaire）说的："美好的东西总是陌生的。"

尽管这听起来像是反传统的，但这是位于首位且最重要的社会判断。俄国形式主义批判家维克托·什克洛夫斯基（Viktor Shklovsky）围绕艺术使熟悉的习惯和传统变得不熟悉或"疏远"这个观点建立起了他的批判理论。他在《幻象的能量》（*Energy of Delusion*）中写道："我们知道，我们应该在分别时握手。我们习惯这样做。但我们不记得我们为什么这样做。"握手是我们已经忘记的故事的一部分。这是批评家遵循莫尔斯·帕克翰（Morse Peckham）所说的"盛行陈词滥调"世界的一部分。这是一件遵循"天生"感觉去做的事，但是这种天生的感觉是一种幻象。是艺术让我们对握手感到陌生。

艺术的策略是通过揭露它们的任意性来破坏那些看起来相当实事求是的故事。其中随机的是重新仲裁和谈判的可能性。当吉米·亨德里克斯（Jimi Hendrix）鼓励我们去"获得经历"的时候，他想的是音乐、色彩绚烂狂热的服装，当然还有毒品是如何让我们对熟悉的常规感到陌生的。他揭开了这个世界的面具，在这个世界中"白领保守党人士"涌向街道，伸出他们的塑料手指。一旦世界的面具被揭开，我们就可以让"反常的旗子飘扬起来"。这种重新获得的陌生感和自由对社会稳定是有害的，对于这一事实，资产阶级文化从来都能很快地

辨识出来。¹

当艺术以这种方式发挥作用的时候，它其实是在参与帕克翰所说的"人类历史的第二篇章"。第一篇章是城市／文明社会的建立，那时社会角色是被严格定义的，而且在一代代人之间复刻。在19世纪，像珀西·比希·雪莱（Percy Bysshe Shelley）这样的年轻男子可以选择承担的社会角色非常有限。如果一个人是长子（雪莱就是），他将会成为庄园主、租金管理人，并且如果上议院有一个家族"席位"的话，那他还会成为上议院成员（雪莱的父亲是国会成员）。如果不是这样，那么一个有财产的年轻人可以上学，然后进入军队或成为神职人员［尽管没有财产，柯勒律治（Coleridge）的职业生涯也是开始于一个神职人员家庭，是从约书亚·威治伍德（Josiah Wedgwood）那里获得的年金让他免于依靠宗教信仰为生］。科学依然只是绅士的副业，是一种爱好，而不是一个严肃的社会角色，而且作为一个诗人是无法被社会接受的。所以，当雪莱下定决心成为诗人，而不是格林庄园的第二位男爵时，是社会反抗的一种新形式，没有人能理解这个事实，尤其是他的父亲。其他的人的命运更是不言自明的，女人或是那些生来"下等"的人境遇就更糟了。但是帕克翰认为，自从浪漫主义时代

1　这可能是你如今能买到吉米·亨德里克斯的邮票的原因。

以来，我们就有了一个传统——并且开启了第二篇章——那就是不接受被定义的必要性，而且不接受归属于我们生来所属社会阶层的必要性。简而言之，艺术成了不受欢迎的人拒绝遵守占统治地位社会秩序的表达方式。[1]

在文学中，理解第二篇章需要回到理解浪漫主义之外的事，如弗朗索瓦·拉伯雷（Francois Rabelais）和小说家劳伦斯·斯特恩（Laurence Sterne），以探索浪漫主义玩乐准则的起源。反主流文化的冲动第一次充分释放是在文学领域中，不过绘画和音乐也很快加入了进来。

费英格笔下的儿童

在俄国批评家米哈伊尔·巴赫汀（Mikhail Bakhtin）看来，拉伯雷的《巨人传》（*Gargantua and Pantagruel*）是"荒诞狂欢"的最佳代表。就像中世纪的狂欢节一样，在节日期间，人们被允许嘲笑官方的神话故事。但文学中的狂欢与荒诞是反政府的。文学不只是模仿社会结构；

1　有趣的是，艾萨克·牛顿也符合这种情况。在他年轻时，牛顿被期望继承家族农场（在他还是个孩子的时候，他的父亲就去世了）。他让牛随便乱跑，以表示他不喜欢农场工作。不久之后，他被允许回到学校，在那里他继续着数学的学习。

它还会模仿社会所依赖的基础——它模仿现实。在狂欢与荒诞中，现实是觉醒的另一种表达。艺术家的工作是蛊惑世界，把任何一种可用的含义加之其上。艺术家摧毁了熟悉感，并且打开了一个有着无限玩乐可能的世界。他们用大笑来嘲笑官方的虚幻故事，使理想化的冲动变得富有生气，并且让人们拥有了换一种活法的勇气。

与拉伯雷式的玩乐对立的是模仿。尽管有很多种理解模仿的方式，但它本质上是对这种观点充满自信的表现，即语言的秩序可以适当地代表自然秩序，尤其是可以代表人类的日常生活。可即使是像但丁这样显然沉迷于幻象的作家，他让现实的、虚幻的和神话中的人物居住在地狱里，就好像这三类人没什么区别一样；他也坚称语言足以对现实的真理加以描述。因为他害怕如果没有语言适用性这个假设，诗歌就不能完成证明上帝秩序的重要工作了。他的新体诗（这种"新形式"使用意大利方言而非拉丁语）可以是dolce（甜美的），但它是有责任在身的。

但丁（Dante）发展出了一种主题，首次出现于他早期的半自传诗作《新生》（The Vita Nuova）中：诗人只是一个从"记忆之书"中誊抄内容的抄写员。因此，（根据但丁的幻想）诗人在书中所经历之事、所记忆之事及所关联之事三者之间是可以达到最终平等的。这样看来，在《地狱》（Inferno）里，但丁只是维吉尔的抄写员，而维吉尔传递给他的内容来自一个非常有价值的信息来源（上帝），因此这些内容不容置疑。但丁可能离神圣的想法很远，但并没有任何迹象表明他的诗严重扭曲了这种想法。[就像当代的圣多马斯·阿奎那（St. Thomas Aquinas）一样，但丁的神学与崇尚亚里士多德的人观点一致。这是一种强调因果关系的神学。]当弗朗西斯卡讲述着她如何因为对保罗的爱而被毁掉时，她的存在、她的声音、她的故事都是为了与权威和公正相呼应的。但丁试图消除人们对他的讽刺，消除人们认为他的故事可以用另一种方式来讲述的观点。自始至终，这个诗人书写的都是这样一条真理：因此它就是这样的。但丁认为，书和世界的功能都是支持我们生活于这个世界的公正性，以及这个世界本身的公正性，所有这些都是从唯一一个可以脱离于语言的事物那里获得保证——那就是上帝本身。

这就是但丁主要的幻想。

但是如果记忆对于但丁来说是一本书，那么它对拉伯雷来说就是一个"背包"[这个年轻的"巨人"在他那著名的、像一摞厕纸那样厚的书里用的词是"记忆的小袋子或背包（la gibbesiere）"]。在这个"背包"之外不是模仿所用文本的有序性（有开始和结尾，有英雄和恶人，有"事物"的如实代表物），而是人工创造的无穷语言，这些语言构成了拉伯雷的"世界"。由此，从拉伯雷开始，西方世界第一次敢于把宇宙想象成是由语言、事物、精神和物质共同组成的。[1]而在爱因斯坦的时空，拉伯雷发现了精神物质。

对于但丁来说，最坏的事就是，拉伯雷的幻想意味着每一件事情都可以重新排序，每一件事情都可以被置于艺术家的自由能量之前，甚至包括上帝也是如此。尽管有被索邦方济会的学者逐出教会的危险，但拉伯雷仍然相信世俗的精神自由可以消灭所有由教堂和国家组成的官方世界里谨小慎微的神话情节。但丁可能会把拉伯雷和其他异端邪教者一起放到第六层地狱的底层。（但丁：世界存在一种上帝制定的秩序，这是件公平的事；拉伯雷：这世界没有任何秩序，这是件快乐的事。）

拉伯雷不是一个异类。他的想法是流传至今的一种艺术传统的一部分。但文学现实主义也可以参照从简·奥斯汀（Jane Austen）到亨利·詹姆斯、海明威（Hemingway）、诺曼·梅勒（Norman Mailer）和索尔·贝洛（Saul Bellow）那里流传下来的伟大小说传统，尽管史蒂芬·摩尔（Steven Moore）在最近的《小说：另一种历史》（*The Novel: An Alternative History*）用了很长的篇幅（700页）说明文学不缺乏传统。可即使用了这么长的篇幅，摩尔也只讨论到了1600年，而且几乎没有

1　不仅记忆是一个背包，语言本身也是。正如尼采所说的，每一个词都是一个包裹：每一个词"都是一个口袋，里面一下子装进了这个那个各种东西"。

涉及我说的这个时期。我们应该关注的重要且深刻的事实是，这不仅是存在的一种传统，而且一直伴随我们直到2015年。意识到这种传统对我的论点很重要，在此刻提出拉伯雷也遵循了这一传统，也是同样重要的！其实我想要把拉伯雷的传统称为是一种宗谱。就像佛教的达摩一样，它代表的是西方的一种智慧文学，这种文学的责任是揭露文字与现实之间具有某种持久关系的这样一个幻象。这种宗谱让我们从这些幻象中解脱出来，然后打开了充满可能性世界的大门。这的确是一种启示。

英语文学中最常见的拉伯雷主义者是劳伦斯·斯特恩。拉伯雷是斯特恩最喜欢的作家[还有早些时候的薄伽丘（Boccaccio，1313—1375）和塞万提斯（Cervantes，1548—1616）]。斯特恩在他自我陶醉的大作《项狄传》（Tristram Shandy）中曾多次引用拉伯雷的话。斯特恩对拉伯雷的喜爱在《项狄传》中表现得非常明显：编造事物，把它们联系起来，在一个反传统的世界（一个"竹"世界）中让这些事物变得连贯合理是很有趣的，这样创造世界时的唯一观念就是这个世界就是一切，而那个官方正统的世界什么都不是。对于斯特恩来说，认为语言在某种程度上是反映自然的镜子这个观点是非常可笑的，他唯一能做出的批判就是——嘲笑它。与此不同的是，斯特恩将小说称为离题的艺术，认为它是无限开放性的代表物，以及语言和自然玩乐的代表物。这样的观点使他还要耗神去给读者绘制一个图样，以此来愉快地讽刺亚里士多德"行动的统一"：

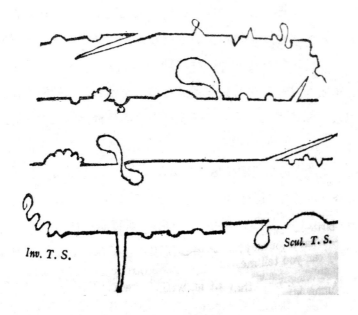

斯特恩将他的反叛意图清晰地展现在了描述他新奇想法之书的前几页："在写下我想要说的这些话时，我不会将自己局限于贺拉斯（Horace）的规则中，我也不会将自己局限于任何曾经存在的人的规则中。"正如我们即将看到的，斯特恩的文学反叛对浪漫主义有着最为深刻的影响。

从斯特恩到德尼·狄德罗（Denis Diderot）
（1713—1784 年）

其实，狄德罗曾经在巴黎遇到过斯特恩，那次会面为斯特恩的最后一本书《多情客游记》（*A Sentimental Journey*）提供了素材。狄德罗有一次提起《项狄传》说："这本书，太疯狂，太聪明，太无拘无束了，这真是拉伯雷式的英语。"狄德罗致敬斯特恩的书《宿命论者雅克》（*Jacques the Fatalist*）（直到1959年才以英文出版）是一部深刻的"项狄传风格"的小说。它实际上是"剽窃"了《项狄传》的章节。而这些剽窃而来的书籍体现了他自己的意图和风趣的委婉表达。

《宿命论者雅克》是一部遵循流浪汉小说传统的作品，故事是关于一位主人和他的仆人雅克的一次骑马长途旅行［书中从未说明这次旅行的目的，因为这并不重要；就像查克·贝里（Chuck Berry）的歌中所唱的那样，故事没有特定的终点］。在故事里，雅克是一个类似于哲学家的人，宣传一种极端的宿命论。他相信每一件事的发生都是必然的，因为它"早已被书写"，只不过书写的人不是上帝，他认为在物质世界进入动态变化时，万物都遵循着必然性。通过雅克，狄德罗讽刺了某些更加极端的机械唯物主义论调。在某种程度上，他讽刺了自己和他哲学上的同僚，如伏尔泰（Voltaire）；而他们都倾向于认为世间万物是宇宙物质的特定组合：一旦物质宇宙被设定，并进入动态状态，那么未来就是不可避免的。这种讽刺体现了小说调皮滑稽的修辞手法的玩乐意味。

> 他们是如何遇到的？偶然，就像其他人一样。[1]他们叫什么名字？这对你有什么意义？他们什么时候来的？从最近可能的地方。他们要去哪儿？我们曾经知道我们自己要去哪儿吗？他们说了什么？主人什么都没说，雅克说他的队长说了，每一件将要发生的事就在那里等着我们，无论好的或坏的，它们都"早已被书写"。

狄德罗知道他属于文学的一个宗谱之中。他的小说创作方法是："从……《堂吉诃德》(*Don Quixote*)那里借四章；从拉伯雷那里选一段；把所有这些和《宿命论者雅克》合理地混在一起……把毒药变成草药的方法各有不同，不过都是用另一种有着相同性质的东西来替代原有的东西。"

---

1 每一件事的发生都是偶然的：与雅克不同，狄德罗本人并不是宿命论者。

从狄德罗到歌德（Goethe）（1749—1832 年）

歌德的《浮士德》（*Faust*）第一部是一出相对直白的悲剧，但《浮士德》第二部就有些怪异了。这是一个有先兆的、制造幻觉的反小说，这部小说的中心人物是一个在烧瓶中制造出的人工小矮人（这可能是对斯特恩那使人困惑的小矮人幻想的肯定——它从有沃特爸爸和伊丽莎白妈妈的家庭中走出来——令它不开心的事情就是成为特里斯特拉姆爵士）。不管在楼上还是在楼下，这个小矮人在它的烧瓶小屋中疲惫地进行着宏大的论述。

与之相似的是，《威廉·麦斯特的学徒生活》（*Wilhelm Meister's Apprenticeship*）构思精巧，但与它的第二部《威廉·麦斯特的旅行生活》（*Wilhelm Meister's Travels*）相比，就显得平淡无奇了。"项狄传风格"的《威廉·麦斯特的旅行生活》糅合了叙事、离题之上的离题，是一部故事不确定但又非常出色的流浪汉小说。尽管歌德了解斯特恩的作品，并且称他为"有史以来最美好的灵魂"，但斯特恩对歌德的很多影响都是间接的，是通过狄德罗才产生的影响。《宿命论者雅克》在法国出名之前，歌德就曾经读过、翻译过，并且非常喜爱这本书。

从六点钟到午后，我都在读《宿命论者雅克》，中间都没有停下来过。我读这本书的时候就好像巴别塔的神在享受一场盛宴。感谢上帝，我可以有最好的胃口来一下子消化这样一本书，就好像我在喝一杯水的时候感受到了无法形容的感官享受。

一个世纪以后，弗里德里希·尼采，这个被莫尔斯·帕克翰称为"浪漫主义的胜利"的人，依然在重申歌德对斯特恩的热情，他认为斯特恩"像松鼠一样的灵魂在枝头间不停地跳来跳去"：

> 在一本关于自由灵魂的书里怎么可能不提到劳伦斯·斯特恩呢！他可是被歌德称为在他的时代最自由的灵魂！与其他僵硬、古板、无法忍受的粗鲁之人相比，我们要称他为从古至今最自由的灵魂才可以让我们满意。

从歌德到席勒（Schiller）（1759—1805 年）和施勒格尔（Schlegel）（1772—1829 年）

歌德的好朋友弗里德里希·席勒是第一个将起源于拉伯雷"玩乐"范畴内的美学正式化的人（他也经常提到斯特恩的《项狄传》）。他是第一个理解玩乐社会和政治含义的人。席勒的逻辑是这样的：自然在我们面前将自己展示为无限的玩乐（自然一直处于"生成"的过程中；毕竟，有机物组成的自然是包括突变和机遇驱动的）。作为自然的一部分，人类也应该是有玩乐和自我创造的，同时还应该参与到自然生机勃勃的自我生成过程中。席勒认为，艺术表达了我们对机器世界的不满，同时也指明了前进的道路。艺术是批判也是治疗。正如尼采所说，艺术家是被流放者，是异乡人，是故意"不合时宜"的。艺术之美是席勒对他的读者所承诺的幸福："每一个在我之外，有着自然之美的事物都承诺了幸福，它们对我喊道：'像我一样自由吧。'"

席勒的美学思想中最重要的一点在于，它脱离了这样一个观念（这是亚里士多德的一个误解）：艺术是自然的模拟物，可以被理解为一些独立、固定和静止的事物。与之不同的是，席勒认为艺术参与了自然的自由，这种自由贯穿了自然这个完整的有机体。

席勒的这种想法为德国哲学和艺术的浪漫主义做好了铺垫。甚至在费英格和尼采时代的最后一段时期都可以感受到它的影响力。费英格的"仿佛"哲学可以追溯到席勒对于自由/玩乐的道德观："我能理解他的玩乐理论是艺术创造和艺术享受的主要组成部分；这对我的思想的发展有着重大影响，以至于后来我意识到，'仿佛'在玩乐中是美学活动和美学直觉的驱动力。"

席勒对他之后一个世纪的思想所产生的重要影响，再怎么强调也不过分。他几乎是一力就将浪漫主义的发展从罗素的思想（我们应该回到自然的原始状态）扭转到了这样一种状态：全部实现我们的本性是一件长期发展的事。我们的自然本性是终点而不是起源。我们经常被告知我们天性凶残，占有欲强，我们是一夫一妻制的、一夫多妻制的、我们需要滋养或是自私的，所有这些都是"天性使然"。人类天性是一些固定、内生的东西，它不好的地方就是原始粗野。

但信仰浪漫主义的人认为，我们唯一的本性是，通过一个我们称之为想象的未知事物所创造的模拟世界，或者在这个模拟世界里，发现我们的本性。用席勒的话来讲，浪漫主义"将自然去神化"，也就是说它把自然的神性抹去，同时也不承认在上帝死后出现的神。而这些神的出现是因为我们将自然看作一些独立于我们意识之外的东西。

这种经验主义的认知创造了神，就像是对本质低劣的诗和绘画的崇拜一样。就比如说，彩虹并不仅仅是光在水中的折射，这种美好的事物也不指望我们在敬仰它的同时也赞美它的"美"。它是我们眼睛生理机能所创造出来的（我们看到我们的眼睛能够透过的光，这只是电磁波谱上很窄的一段而已），也是我们对彩虹的叙述创造出来的，特别是我们对于它的美的叙述。

想一想像画家特纳（J.W. Turner）的《贩奴船》（*Slave Ship*）这样的

作品。特纳认为，一定距离外射来的光既不是被当作"视觉可见的辐射能"来研究的，也不是一个简单的浪漫主义自我放弃，即将自我交付于代表"本性之美"的伟大的神手中。特纳将自己看作光、颜色和旋转的创造者：《贩奴船》和船没什么关系（船在其中只是依稀可见），它的主要目的是表现绘画作为特纳本人直觉的表达。它并不是在模仿自然，而是在创造自然。

席勒不仅仅为浪漫主义铺了路，他还为后来人们所知道的辩证法提供了模型，这也使黑格尔和马克思首次完整地阐释了辩证法。不客气地说，席勒在少数立场鲜明的文章中——特别是"美学教育"和"青涩诗歌集"——同时解释了浪漫主义和社会主义的思想道路。用更熟悉的概念来讲，席勒处于两种政治运动的起源时期，这个时期可能与我们所处的时期非常相似：反主流文化和革命。

尽管施勒格尔的一个朋友在评论席勒的一本诗集时与席勒起了争执，但席勒依然给弗雷德里希·施勒格尔带来了重大影响。施勒格尔与他的兄弟奥古斯汀（Auguste）一起出版了著名的浪漫主义期刊《雅典娜》（Athenäum）。借助这本期刊，他们俩发展了早期浪漫主义哲学（施勒格尔是第一个用这个词来描述一门新的思想和艺术学派的）。可遗憾的是，他的人生被分成了两个部分，前半期致力于玩乐思想的发展，而后半期则是对中世纪天主教信仰产生了令人无法接受的热情。

他最终编辑了期刊《康科迪亚》（*Concordia*）。在这本期刊中，他批评了自己年轻时推崇的理念。不过，幸运的是，我们可以自由选择其中一种形式的施勒格尔，就像我们可以选择任意一种形式的黑格尔一样[创作《精神现象学》（*The Phenomenology of Spirit*）的年轻的黑格尔和创作《法哲学原理》（*The Philosophy of Right*）的年老的黑格尔是完全不同的]。年轻的施勒格尔和席勒一样喜爱斯特恩和狄德罗，甚至比席勒更甚。

既然你无法否认你与斯特恩有同感，那我想要介绍给你一本书。但是我得提醒你，让你对这本陌生的书保持警惕。它可能会有些不好的名声。这本书就是狄德罗的《宿命论者雅克》。

像席勒一样，施勒格尔崇尚"艺术应该参与自然的无限发展"这个观点。

诗歌的浪漫主义形式依然处于"生成"的状态；这实际上是它真正的本质：它永远应该处于"生成"的状态，而且永远不会是完美的……它本身就是无限的，就像它本身就是自由的一样；它的第一戒律就是没有任何的戒律可以被置于诗歌的意愿之上。[1]

浪漫主义传统（1825 年至今）

从这个时间点开始，艺术作为一个表达异议的社会力量，在欧洲文化中占据了非常关键的位置。浪漫主义之后关于艺术的故事，几乎都是有关以不受拘束的艺术家自由为名反抗中产阶级规范和期望的。这些艺术家拒绝中产阶级将其描述成提供娱乐的人或对所谓现实的模仿者["把它变成一个新事物"，艾兹拉·庞德（Ezra Pound）说]。这种趋势在英国浪漫主义诗作中非常显著。例如，在史诗般的讽刺诗作《唐璜》（*Don Juan*）中，拜伦（Byron）几乎忘记了他的故事其实应该是关于一个性侵犯者的故事，而不断偏离主题成为了另一部"项狄传风格"的传奇故事。拜伦是最不"尊重习俗"的诗人。玩乐的道德准则也体现在托马斯·卡莱尔（Thomas Carlyle）在《衣服哲学》（*Sartor Resartus*）这本书中所说的"衣服的哲学"上。卡莱尔成功地论证了哲学是"一场持续不断对抗传统的战役；一个不断注入新力量来超越盲目规范的力量，因此它是超凡的"。对卡莱尔和尼采来说，哲学是与

---

1 将施勒格尔的这段评论和罗伯特·艾特肯对佛教"歌舞"重要性的评论进行比较。

继承而来的愚蠢进行持续不断的对抗。

下一代浪漫主义艺术家更清楚地表现了他们的作品不是关于自然神秘主义或中世纪爱情的，而是关于持续不断的社会斗争的。这毫无疑问，即使是像理查德·瓦格纳（Richard Wagner）这样的艺术家也会讲述暴力的故事。可能瓦格纳并不是很有名气，但他是1848年改革的热情观察者，同时也是1849年德累斯顿起义的参与者。在这一时期，他的一个朋友，米哈伊尔·巴枯宁（Mikhael Bakunin），他们两个一起组织建起了抵挡普鲁士军队的堡垒。据说，瓦格纳还出钱制造手榴弹，并且监督拆毁了他自己的歌剧院（听人说，这是一个自利的举动，因为他认为歌剧院与他的才华不相称。）

瓦格纳在他的文章《艺术与革命》中写道："真正的艺术是一种革命，因为它的存在与群体的统治精神相悖。"他还在同一篇文章中说了下面这段听起来很像是一个社会浪漫主义者说的话：

> 把普遍的旅行精神和令人作呕的铜臭味灵魂绑在一起是一件耻辱的事，我们希望能够使艺术的自由精神更强大，还有闪耀的世界灵魂。

瓦格纳与社会主义者的想法相近，这促使他创作了《唐怀瑟》

（*Tannhäuser*）（最早是在德累斯顿写的）和《莱茵的黄金》（*Das Rheingold*）。在第二部作品中，恶毒的侏儒国王对秘密"恶魔金矿"中的尼伯龙根淘金奴隶非常凶残。

然而，使瓦格纳和瓦格纳主义具有社会影响力的是歌剧本身重大的独创性。瓦格纳具有神奇的能力，能创造一个比原本世界更加清晰、更加庄重、更加有热情的世界。崇拜他的人认为，瓦格纳的《尼伯龙根的指环》（*Ring of the Niebelungen*）中的世界比真实的世界更好，且更易想象。与之相比，真实的世界就显得华丽但廉价，而且毫无希望。还有最重要的是，瓦格纳的作品给欧洲上千个富有冒险精神的人带来了认同感（尼采和波德莱尔是他们的代表），他们亦被称为瓦格纳主义者。他们不是德国人，不是法国人：他们是瓦格纳主义者。用歌德的话说，成为瓦格纳主义者是一种"被选择而得到的亲密联系"，而这并不会被过去的社会结构所限制。虽然瓦格纳的艺术作品讲的是古代北欧神话，但他的眼睛却始终望向未来。他的文章《未来的艺术作品》是对不同艺术（戏剧、诗歌和音乐）与人民之间完美融合关系的描述，这些人住在一个可能存在这样艺术作品的世界里。他的世界观不是中世纪的，而是乌托邦式的。

在瓦格纳主义之后是象征主义，象征主义被伟大的文学批判家埃德蒙·威尔逊（Edmund Wilson）认为是与浪漫主义有关的，是"同一股浪潮中的第二个波浪"。正如威尔逊所说，象征主义直到20世纪30年代还依然活跃于叶芝（Yeats）、艾略特（Eliot）和乔伊斯（Joyce）的作品里，而且20世纪艺术的代表人物——毕加索（Picasso）、蒙德里安（Mondrian）和康定斯基（Kandinsky）——在进入立体派和抽象艺术之前都是象征主义者。

象征主义之后是印象派、表现主义，然后是达达主义、超现实主义、其他的现代派"主义们"，以及与之伴随的文学天才们，从弗吉尼亚·伍尔夫（Virginia Wolff），到格特鲁斯·斯坦（Gertrude Stein）、杜娜·巴恩斯（Djuna Barnes）、乔伊斯、贝克特（Beckett）、弗兰恩·奥布莱恩（Flann O'Brien），再到约翰·巴特（John Barth）、吉尔伯特·索伦迪诺（Gilbert Sorrentino）、安·奎因（Ann Quinn）。这一传统流传至今，尽管如今它对于受众有些许愧疚且受了打击。但在1964年，最幽默的美国天才唐纳德·巴塞尔姆（Donald Barthelme）曾写道："玩乐是艺术最重要的一种可能性；它也是……爱神的原则，但这种原则意味着彻头彻尾的灾难。"没有幽默感的小说家在创作"至高无上的事实"时，总是制造这样的灾难。这些天真的事实崇拜者（处于沃尔夫／弗兰岑这个坐标轴上的人）追求现实主义小说的传统优点，但却因为"缺乏严肃性的结果"而宣告失败。

当然，同是在1964年，西方的年轻人再一次沉醉于玩乐。这让很多人感到震惊，特别是那些过去坚定地讲述国家荣耀，讲述多米诺理论，讲述《反斗小宝贝》（*Leave It to Beaver*）这样的田园诗故事的人。从海特到维列治，到伦敦，到巴黎，再到印度等偏远的居住地，"想象正占据权力"，这就好像1968年5月在索邦楼梯间里涂鸦的"人行道先知"一样。

拉斯·冯·提尔（Lars Von Trier）的《世纪末婚礼》（*Melancholia*）的疯狂智慧

正如我之前说到的，我们的文化相信真理存在于科学经验主义之中，即使是一些看起来完全处于科学之外的领域也是如此。就像我们看到的，如果要让佛教徒的冥想被广泛接受，那穿着白色实验服的男孩就必须先把"好的科学"的印章盖在佛教上面。因此，才有了山姆·哈里斯（Sam Harris）提出的"无宗教的佛教"这一概念，才有了谷歌的技术佛陀，才会有人将佛教作为一种宣传各色破烂货的手段。但在我们的文化中依然存在一种"非机器人"的想法，这种反机器想法的传统来自浪漫主义，而且一直以来都存在于艺术之中。现在的文化希望每一件事物在被发布为消费产品之前，都被大数据和算法所填充。特别是当艺术有着反抗这种文化的智慧时，反机器的思想就会存在于艺术之中。我认为有一个例子非常清晰地指责了机械想法，并且完美地代表了浪漫主义的"非机器人"想法，那就是拉斯·冯·提尔2011年的拥抱宇宙之作——《世纪末婚礼》。

《世纪末婚礼》一上来就表现出了浪漫主义的意图。它的标题就暗示了一个体现了伟大浪漫主义悲叹的场景。这就像柯勒律治的"忧郁颂"和叶芝伟大的"咏忧郁"。但这部电影真正的浪漫主义语调体现在后面的内容中：影片以瓦格纳《特里斯坦与伊索尔德》（*Tristan und Isolde*）缥缈幽怨的序曲开场。

我猜这部电影是有情节的，尽管这些情节（就像大多数歌剧一样）不那么精致，并且主要也是为了体现其他目的而设定的一个框架。影片中有两个基本情境，都位于同一地点：在一个大庄园中有一个大宅子，这个宅子还附带一个18洞的高尔夫球场。我们或许能想起来，这个庄园有一个自负的主人约翰［由基弗·萨瑟兰（Kiefer Sutherland）饰演］。

第一个场景是一场奢华的婚宴，这场婚宴自下而上逐渐但彻底地被毁掉（以及这场婚姻），这就好像海浪从根基开始便把它侵蚀掉了一样。其中的问题在于传统关于爱、婚姻和庆典的仪式无法与新娘贾斯汀［由克斯汀·邓斯特（Kirsten Dunst）饰演］家庭患有双相障碍的现实主义相容。她狂躁的父亲马克斯［由约翰·赫特（John Hurt）饰演］打破了一夫一妻的忠诚思想，和两个名字都叫贝蒂的女宾客搞在了一起。

与神话人物潘（Pan）很像的马克斯像一只山羊一样在一群没有任何身份的女人之间蹦来跳去。他似乎是在问："女人有什么可值得忠诚的？她们不过都是和贝蒂一样而已。"

贾斯汀的母亲盖比［由夏洛特·兰普林（Charlotte Rampling）饰演］是这个患有双相障碍的家庭中抑郁的一端。她关于婚姻和浪漫爱情的幻想破灭是非常明显的。她代表了失望的人所面临的残酷现实，这是最终的现实。她似乎在说："为什么你们允许自己在这种荒谬的仪式中假装羞涩的新娘？为什么要在这些受骗的人面前扮演这样一个愚蠢的角色？我知道，你们看到我也曾这样。但你们为什么不承认这个事实然后离开？如果你留下来，可能这个夜晚是愉悦的，可长期来看，这种幻觉会凸显出来，每个人都会因此受苦。而且最糟的是，你会因为不诚实而感到内疚。"

当然，在神的圣光之下，婚宴上的"正常"人有着他们自己没有意识到的角色。约翰一直提醒人们这场婚礼花了他多少钱，就好像这婚礼和他的高尔夫球场没什么不同，都只是一项固定的财产似的。在这一点上，约翰和贾斯汀的老板杰克［由斯特兰·斯卡斯加德（Stellan Skarsgard）饰演］很像。他们都是"饿鬼"，是因为金钱和物质主义而迷失的人。杰克无疑是这部电影中最令人不愉快的角色，即使他只是一个被戏剧化夸大的空洞且无情的资本家。

甚至是新郎麦克[由亚历山大·斯卡斯加德（Alexander Skarsgard）饰演]也对摧毁婚礼有所贡献。当他被要求对他的新娘讲一番话的时候，他结结巴巴，就好像有舞台恐惧症一样，又或者就像是他从没考虑过他为什么想要和贾斯汀结婚一样。当他终于能说点什么的时候，他说的话要么很庸俗（"我从没想过我能娶到一个这样美丽的人"），要么极其迂腐（"我是世界上最幸运的男人"）。当镜头转向贾斯汀的时候，她脸上充满希望的笑容在麦克开始演讲时，就渐渐消失了，只剩下对所有幻想的终结。麦克没有让她看到任何能证明她妈妈错了的证据。她的父亲也没错：麦克急于结束冗长的婚礼，这样他就可以得到贾斯汀的身体，这也显示了他与马克斯并不是完全不同的。[1]

第二个场景位于影片后半部分，讲的是如何使得一颗"异常"的行星与地球相撞。由于在影片"序言"中就已经交代了两个星球的相撞，因此这里并没什么悬念。观众知道接下来会发生什么。但观众可能不理解的是这个世界——这个充满人类传统的世界——已经在世界

---

[1] 有人在那晚得到了贾斯汀的身体，但那人不是新郎。她在约翰的高尔夫沙坑里睡了一个来参加婚礼的宾客。最后在沙坑里的这个桥段是有点过分，虽然不及米开朗琪罗·安东尼奥尼（Michelangelo Antonioni）的《夜》（*La Notte*）(1961)里的结局：唐·乔望尼[由马切洛·马斯楚安尼（Marcello Mastroianni）饰演]在一个米兰亿万富翁的私人高尔夫球场的沙坑里强奸了他老婆[由珍妮·梦露（Jeanne Moreau）饰演]。《世纪末婚礼》和《夜》讲的都是自私、肤浅的人参加的奢华聚会，这些故事的依据都来自想象自己因为有钱而变得名声显赫的富有资本家；这两部电影都以女主角为核心，她们都因为有自杀性抑郁症而看透了财富带来的自我满足。抑郁的人是最终的现实主义者。

末日般的婚礼上被摧毁了。

　　所有那些美好的，关于婚姻、地位和职业的，能够慰藉人心的社会幻觉被人们嘲笑，并且被逐渐遗忘。我们希望生活成为什么样子的欺骗性伪善与我们对事物实际是什么样子的悲观性诚实形成反差，这种对比并不是在责备影片中的角色，而是在嘲讽他们。他们不是恶人。他们是荒谬小说中脆弱的人体组织。他们是荒唐可笑的。他们像孩子一样害怕事实。他们的孩子气让他们变得更加可笑。例如，当贾斯汀的妹妹克莱尔 [由非常优秀的夏洛特·甘斯博格（Charlotte Gainsbourg）饰演] 称他们在举行婚礼的露台上快乐地边喝酒（可能是一瓶48年的拉菲）边经历世界末日时，贾斯汀回应她的想法都是"屁话"。

　　然而，电影摧毁的另一个世界是好莱坞的传统。在《世纪末婚礼》中，并没有被战火摧毁的某个主要城市，没有狂乱的媒体报道，没有恐慌，没有极其痛苦的政客，没有发射到太空的核导弹。这种灾难并没有发生在世界的舞台上，而是发生在角色的眼中。冯·提尔相信，从幻觉到理解的过渡可以从演员的眼睛里展现，这也反映在了大屏幕上，画面体现出细致入微的复杂性及本能的情感。每一个主要角色，乃至无感情的约翰，都经历了从希望的幻觉（对约翰而言是科学统治世界物质的幻想）到现实主义的承认。约翰不断地驳斥克莱尔关于行星的顾虑，称航天员已经进行了计算，他们确定这颗行星不会撞到地球。但当他意识到这个计算是错误的，他便失去了镇静，带着所有给克莱尔和他们的孩子准备的氰化物，跑到马厩和一匹马一起自杀了。冯·提尔在这里所展现的内容中有一点很不错：数学并不能让我们为真正的真实做好准备，但在某种程度上，抑郁是可以做到这一点的。

对于麦克来说，他应该能看清这两点：首先，在那个晚上，他并没打算举行婚礼；第二，他对婚姻生活的幻想（和可怜的贾斯汀住在结满苹果的果树下）也不会发生。（摘一个苹果，摸一下胸，啊！美好的生活。）克莱尔必须接受，她对家庭幸福的期望不会持续太久，她对舒适家庭的所有考量，特别是她对儿子长大成人的幻想，是不会发生的。杰克也有一段转折剧情，尽管这是一次令人愤怒的拒绝。贾斯汀告诉她的老板，她对他真正的想法（她"恨"他），但她只告诉了他，他已经知道的事。让他暴怒的是，有人真的当面对他这么讲了。他跳到车里，逃离了这个确认事实的时刻，轮胎摩擦地面发出了尖锐的声响。这里，唯一没有经历转折的主要角色是贾斯汀的母亲，因为……她已经转折过了！她对马克斯的失望让她在很久之前就经历了这种转折。

我们看到的最后一只眼睛，是死亡星球独眼巨人一样的眼睛，和叶芝的狮身人面女怪的眼睛一样，空洞且无情。它一无所知。它就是这样。这既是尼采笔下的"神的光辉"（暂且不考虑所有愚蠢的事），也是瓦格纳的《诸神的黄昏》（Gotterdammerung）。就像布伦希尔德（Brunhilde）借由从背后照耀她的英灵神殿的火焰所唱的那样：

"所有的事物！所有的事物！现在我都一清二楚！"

但这只是冯·提尔的瓦格纳式神话的一部分。这只涉及了《特里斯坦与伊索尔德》，还不包括《尼伯龙根的指环》。

《世纪末婚礼》其实对瓦格纳有所亏欠，因为它只浅显地理解了流行的评论。大部分批评似乎都认为冯·提尔只是用瓦格纳的音乐来创造一种情绪，只是将其作为电影配乐和烦人的背景音乐。戴纳·史蒂文斯（Dana Stevens）在2011年11月11日的《Slate》杂志上发表的评论称："电影只在第一次使用瓦格纳元素的时候有些许触动了我，在第四次、第五次、第六次使用的时候，就变得很可笑了。"

实际上，我认为冯·提尔对瓦格纳式音乐的运用是合理的。它是一种主题。在电影前部，音乐是具有威胁性的，令人不解。到后来，人们越来越清晰地看到，这种威胁性反映的是那颗异行星本身的威胁性；这种音乐是那颗异行星的主题。当音乐重新响起的时候，我们知道那颗行星又重新成为我们的主要问题。这二者，音乐和行星，反复出现在我们面前，就像是贝多芬第五交响曲中的四分音符"命运动机"一样。不管你是否认为它们是"可笑的"或"有点过分的"，它们都依然会持续不断地出现。就连影片角色都认为这有点过了。他们似乎在想："可能我再看一眼，它就会消失。"但是很快，他们会发现：

"怎么又来了！这是真的吗？"这个音乐，那颗星球，一遍又一遍地出现。它们不会消失。它们是一种强调，就像贝多芬扣响"现实"的大门。所有对人类虚荣的自我追求都被物质（那颗持续出现的星球）的复仇所淹没。

最糟的是，如果你认为用《特里斯坦与伊索尔德》序曲这样的音乐，只是因为冯·提尔在需要一个背景音乐时，偶然听到了这首曲子，然后他觉得，嘿，这个听起来不错，那你就错过了这部电影所有体现瓦格纳元素的地方。《特里斯坦与伊索尔德》的重要主题是"爱中死"，或者说是爱或死亡。"爱中死"是瓦格纳版本的浪漫主义作品，以解决主观和客观的冲突，使二者和谐。正如谢林（Schelling）所提出的问题："……智慧如何能被纳入本性之中呢？"知识和知识的客体怎么能成为一种东西？对于瓦格纳而言，这个问题变成了"爱的主观性如何与对爱的否定融合在一起？毕竟，这种对爱的否定存在于爱人的背叛、严酷的本性、社会传统中，且最终存在于直截了当的死亡（有限的）中。"[1]

瓦格纳对谢林这个问题的回答是，爱在死亡中实现了它的不朽和完美。"爱中死"超越了爱与死亡的对立。瓦格纳解构了这种对

1　谢林认为，这是一个哲学问题。他写道："全部理论哲学只有这一个问题需要解决，那就是限制如何成为理想。"用瓦格纳式的语言来说，哲学的基本问题是死亡（限制）如何成为爱（理想）。

立，发现它们在起源和终点处都相互依赖。当然，让歌剧观众理解特里斯坦的信仰不是对这个观点的翻译——翻译表达的就是语言原本的意思——而是瓦格纳的音乐。《特里斯坦与伊索尔德》第三幕中令人惊奇、令人满意的音乐确立了"爱中死"的地位，它作为一种表现方式是任何戏剧的模糊表达所无法比拟的。这一音乐创造了世界的"应该"：这是主观和客观的冲突应该被解决的方式，即使这种方式，像叶芝所说，只是"关于永恒的诡计"。

很明显，冯·提尔让贾斯汀去表演，去戏剧化他们的死亡。这很值得一提，因为贾斯汀刚刚告诉克莱尔说，她预示灾难的言论是屁话。显然，贾斯汀表演的内容是一坨还不错的屎。为什么这样说呢？

在最后一刻，贾斯汀不再是"搞砸局面的阿姨"（用小男孩的话讲），而是成了守信用的阿姨。贾斯汀并没有说："看到没有？我告诉过你！恶魔！这个世界都是邪恶的！我很高兴这个世界被毁掉了！总算解脱了！"不，她没有这样做，而是用创造性的表演作为结束。这一点对于正确理解这部电影来说非常重要。在最后一刻，她和小男孩把时间用在了收集树枝搭建的"神奇洞穴"上，这个洞穴暗示着瓦格纳那各种有魔力的地点，这里主要指的是《齐格弗里德》(*Siegfried*)中的洞穴，在这个洞穴中，侏儒米梅养育了齐格弗里德，齐格弗里德最终成为了魔法之剑的英雄持有者。所以，这个洞穴不只是贾斯汀用来安慰那个可能会被吓坏的小男孩。与电影中其他重要的情节进展联系起来看，这个洞穴是一种确认，确认这是"爱中死"发挥安慰作用的唯一地点：在艺术中对应的是尼采笔下的"治愈女巫"。在洞穴中，贾斯汀是自身的转化，她不再有幻想和幻想之后的绝望。她放弃了"自我"并且同情其他人的痛苦，她的"自我"曾经在整部电影中因狂躁的绝望而痛苦难捱。

在他们的神奇洞穴中，电影增加了另一层复杂性。角色们的面部表现出了一些佛教的意味，特别是当小男孩坐在蒲团上闭着眼睛的时候。这个场景在电影前部有些许暗示，这个暗示在当时看来是多余的，当时贾斯汀向卧室窗户外面看去，看到她抑郁的母亲正做着瑜伽的姿势看着夜空，并且看着那颗正在接近的行星，不管她是否知道它的存在。

冯·提尔相信艺术，同时也相信佛教所说的"显现原面目"。当他们坐在神奇山洞里时，这三个人感受到了一种"瞬间的启迪"，他们摆脱了激情（包括快乐和绝望）、渴望和希望；他们发现了慈悲，就像中国的临济僧人在9世纪所写的："慈悲是放下一切。这意味着放下自我、存在、生活和灵魂、悲伤和幻想、拥有和失去、爱与恨。"在最后的时刻，他们放下了自己。这既不是一个快乐的结局，也不是一个悲伤的结局。我们的角色显现出了自己的本来面目，并且真正成为本来面目的一部分。他们主要的情绪只有慈悲。他们最终觉醒了。用弗兰纳里·奥康纳（Flannery O' Connor）的话说："如果有个星球在他们人生中的每一秒都可能毁灭他们的话，那他们早就能变得明智了。"

艺术机器人做不到这一点

"艺术塑造自由"，席勒在1795年这样说过。德拉克罗瓦在他标志性的画作《自由引导人民》（1831）中直白地表现了席勒的话，这幅画在巴黎沙龙上展出。法国政府买下了这幅画，之后拒绝展出这幅画，因为它具有"煽动性"。

但是这幅画难道不是背叛了席勒关于艺术作用的想法吗？这是他所想的自由吗？德拉克罗瓦难道不是通过将自由主题化而背叛了席勒所说的自由吗？这幅画的表面蒙上了一层概念的灰尘，这层灰尘掩盖了它的光芒，使人们很难看透它。这幅画过于被流行文化推崇，以至于当人们看着它的时候就好像在看迪士尼工作室的作品一样，只看到了卡通式的自由。像朗格的《胡森贝克的儿童》那样的庸俗作品所表现的自由也是"自由"吗？德拉克罗瓦贬低了席勒吗？

我们如何含蓄且完美地解释自由女神袒露的胸脯？对此，好像德拉克罗瓦也感到困惑，并且认为他属于那个时代非常与众不同的一类画家[就像他愤恨不平的竞争者，安格尔（Ingres）的《宫女》（Odalisque）一样]，他让模特靠在沙发上，小圆锥形的胸脯闪着光，后面的镜子映射出她的股沟，还有几只猴子在蹭着椅子扶手。

但是等一等，这幅画里还有一个非常抓人眼球且不合常理的事物（除了刚说到的胸）：尸体上还有一只破烂但颜色鲜亮的灰蓝色袜子。这只袜子在这幅画的中央非常刺眼。接下来自由女神可能会在穿过这些尸体时被这只袜子绊倒。这个尸体的裤子被偷走了，其中一只袜子也丢掉了（乘战争之危占便宜的人一定是太慌乱了）。但留下的那只袜子套在他的脚踝上，显得邋遢、肮脏、毫无希望。这只袜子难道不是和这幅画最明显的要点不相符吗？难道它不是让这幅画失去了它的本质吗？就这样，一个伟大的英雄式、欺骗性的美梦被一只袜子毁了！

可能这只没用的袜子只是对这幅画的致敬，因为这幅画使人们对德拉克罗瓦产生了深刻的印象"他像一个疯子一样奔跑"：就像籍里科（Gericault）在《梅杜莎之筏》（*The Raft of the Medusa*）中表现的那样。这幅画也一样，在核心戏剧的边缘，一只多余的袜子从脚上掉了下来（在左下角），而这只袜子的主人也被扒掉了裤子。

德拉克罗瓦在画袜子的时候怎么会想到籍里科呢？他清楚地了解《梅杜莎之筏》的每一处、每一笔。如果他想到了籍里科，他怎么会严

肃地看待他要展示的东西呢？"我不是为了表现这种傻瓜似的革命。"他可能会这样说，"我展示的是一个熟悉的戏剧情节（这不是革命），而且我用籍里科的袜子强调了这一点！我真正的意图在别处，那是暴民、庸人们永远无法猜到的"。

德拉克罗瓦本人并不是革命性的。他写道："在1848年，以战争为代价获得的自由根本不是真正的自由。"他甚至一点也不同情人类，尤其是多数群体。在这之前他曾秉承尼采的思想。另外，他深爱能量、光和色彩。让雅克·路易·大卫（Jacques Louis David）和他的绘

画宣传学派来庆贺革命热情吧，就像受到德拉克罗瓦画作启发而由大卫创作的《跨越阿尔卑斯山圣伯纳隘道的拿破仑》（*Napoleon Crossing the Alps*）（下面这幅画）或巴托尔迪（Bartholdi）的雕塑作品"自由照耀世界"（Liberty Enlightening the World）（更为我们熟知的名字是自由女神像）。[1]

这幅画里没有脏袜子，也没有讽刺。

1　自由女神像：世界上最大的充满情感的装饰品。

《自由引导人民》有着深刻严肃的意图，它证实了席勒关于艺术与自由的关系构想，但这种意图不是由一个没穿上衣、举着旗子的女性表达出来的。能够证实席勒思想的是一些我们几乎看不到的东西：这幅画的能量弧。从画作底部作为基础的尸体开始，德拉克罗瓦向着画面左侧进行了一次明显的、粗俗的扫荡，这就好像一股汇集了巨大能量的波浪，这股能量将从之后的每一个细微的动作和事件中迸发出来。这股能量是由自由女神背后的人物所显现出来的，所有人都看向他们的左侧，他们的剑和来复枪指向云端，他们仿佛汇聚成了波浪的顶峰，这个波峰会在接下来的画面中俯冲下来，把所有的过往都清除，只留下一片贫瘠的沙地。这也是德拉克罗瓦从籍里科那里学来的东西，籍里科所画的木筏随着一股能量向上浮动，看上去几乎要飞起来了。这股能量最前端的是什么呢？不是三色旗，是一件用手举起来，并且在飘动的脏衬衫。

　　所以这是什么呢？这幅画既是对政治感伤情绪的投降，又是对这种感伤情绪的巧妙摧毁。就像德拉克罗瓦在他的期刊中写的："你们（资产阶级）像狼一样生活，但你们的艺术就像鸽子。"《自由引导人民》被上百万个崇拜者视为鸽子艺术，而实际上它想要表现的是世界末日。因此，它被看作一件自由派的庸俗作品并且常常被用来庆祝资产阶级革命，这真是一个残酷的疏忽。

《自由引导人民》是一幅浪漫主义画作，但并不像看上去那样具有宣传性。因为从精神上来看，它是一幅关于螺旋形能量的风景画，这被浪漫主义者称为自然。自然吸取并且贬低了人类行为的幻想，即便是最壮观的人类行为。在此之外，就只有手枪的响声和在风中凌乱的身体，这些都是无意义的东西，这使德拉克罗瓦感到厌倦。

这幅画像是被隐藏在了密码中，艺术机器人无法理解。我们对这幅画的解读也完全不值得尖酸刻薄的艺术投机者花费上亿美元。而且，我这种用皱巴巴的脏袜子来解释两幅历史上最著名画作的想法，让我有机会像一个拉伯雷主义者那样进行嘲笑。我的解读可能不是正确的，但一定是有活力的，可这在一个为金钱机器人而设计的世界里是完全不存在的。

我的解读是一种嘲笑，因为我就像席勒和德拉克罗瓦一样希望人民能够自由。

苏扬·史蒂文斯（Sufjan Stevens）的复仇表演

我过去听过苏扬·史蒂文斯的音乐专辑《广告时代》（*The Age of Adz*）里《我走过》这首歌，在当时，我感觉到他的作品与浪漫主义作品是多么相似。就像浪漫主义者一样，史蒂文斯偏离了主流文化价值观，转向他与生俱来的本性。可由于他偏离主流文化太远了，所以他并没想过要反叛，而是好像他从没听说过这种文化似的。他说："美国？基督教？不好意思，我来自广告时代。那里的事物是不一样的。"这是浪漫主义达到完美的策略：并不是进行抵抗，而是刻意地离开那种令人窒息的异化理性。像威廉·布莱克一样，史蒂文斯创造了他自己的宗教，以防被归为其他宗教而受到谴责。如同歌里唱的："他走过。"他已经"离开"了，就像垮掉的一代说的那样。

在这一点上，史蒂文斯既刻意地表现得很天真，同时又随意地表露心迹。他的作品不只是与布莱克的作品相似，而且与其他绷着脸的艺术神秘主义者的作品也很相似。这些艺术神秘主义者用"华丽的胡说八道"来讲述他们的革命。双生鸟乐团（Cocteau Twins）明显无意义的绚丽表演，妮娜·哈根（Nina Hagen）的歌曲《修女－性－僧人－摇滚》[柯思马·希瓦（Cosma Shiva）的反世界]，吉米·亨德里克斯的专辑《爱克西斯：大胆爱》（*Axis: Bold as Love*）（"只要问问爱克西斯，他什么都知道。"），乔治·克林顿（George Clinton）的专辑《母体连接》（*Mothership Connection*），还有桑·拉（Sun Ra）的歌曲"雷电王国之神"。如果这些对你来说太过流行，那么还有皮特·蒙德里安（Piet Mondrian）的神智学画作，如"受难之花"和"虔诚"，威廉·巴特勒·叶芝的著作《幻象》（*A Vision*）（齿轮的再分割：愿望、面具、创造性思维、命运之身），卡斯帕·大卫·弗雷德里希（Caspar David Friedrich）的画作《彩虹山景》，雅各布·波莫（Jacob Boehme）的《论事物的征象》（*De Signatura Rerum*）（"如果他拥有可以敲钟的锤子！"），约翰的《启示录》（第七封印，山羊的愤怒），斯拉夫人的《灵异的奥秘》，普罗提诺（Plotinus）的"心智与世界灵魂"的流溢，最后，还有所有受柏拉图眷顾的愚蠢阶层的无意义起源。

这些人是史蒂文斯的引领者。不管是这些阶层的神秘主义还是科幻外星人时髦的神秘主义，目的都是将陌生化反过来——真实的世界是陌生的——以此通过揭露一个看不见的世界来谴责传统的真实是非常具有欺骗性和奴役性的。

但吸引我探究史蒂文斯的音乐的，不是它独特的教育性，而是它的调和性。（对于自然神秘主义者来说，所有这些关于灵知的精密体系可以被简化为正确的震动或波长，也就是钟鸣声。）歌曲《我走过》伴随着冰冷纯洁的女性和声。这种音乐绝不是前卫、流行的；它回归了那种教堂一度为之骄傲的灵魂音乐：帕莱斯特里那（Palestrina），或是巴赫（Bach），又或是韩德尔（Handel）。像他们一样，《广告时代》专辑中的声音隐含着信仰"抽象的纯洁"（引自雪莱作品）。[1]世界正在

1　史蒂文斯和朋友们每年都会创作并表演以合唱和声为特色的圣诞歌曲。

滥用着自己的智慧，史蒂文斯创造了他自己的世界并"从衰落中获得人类神性的赐予"（引自雪莱的文章《诗辩》）。像雪莱一样，史蒂文斯追求在艺术作品中体现天意，从而能够以某种能存活的形式保存天意，而不是以教理问答或信条的方式。当然，天意存活的时间与作品的保存时间相同，不过在作品消亡后，它仍能存活，就像一道蓝光流淌过我们的生命一样，这就是艺术对于幸福的保证。与这种体验相对应的，是世界本就像它看上去那样贫瘠。我们对真实世界的感受是陌生的。艺术渴望一个相反的世界，这个世界像是一所在1816年的日内瓦住了好几位英国诗人的房子**1**（对神圣事物进行语法分析，并且互相讲着关于科学创造的怪物的故事），或者像一块拒绝服从者聚集的飞地，诗人们弹着吉他，读着沃特·惠特曼（Walt Whitman），播放着贝克（Beck）的歌曲《魔鬼的发型》，和其他许多人一起，在2015年涌到俄勒冈波特兰市鲍威尔书店旁的伯恩赛德。史蒂文斯借民谣歌手的纯朴表现了所有这些东西。他传达的主要信息是：不要太认真地对待这些，只要跟着我的步伐离开这个世界，走进另一个世界就行了。

看起来我赞美史蒂文斯的方式似乎不被他的音乐所支持。可能他的音乐真的比不上贝多芬或马勒（Mahler）的音乐。好吧，让我们假

1　这里所说的是，1816年，拜伦居住在瑞士，在日内瓦结识了另一个流亡的诗人雪莱，对英国统治者的憎恨和对诗歌的同好使他们结成了密友。——编者注

设是这样的。（尽管我对人们关于古典大师膝跳反射似的尊崇表示怀疑，特别是当这件事发生在史蒂文斯这样的艺术家身上时，他如此有效地在他的流行音乐中运用极简抽象主义，且清晰地在委托布鲁克林音乐学会在创作"围捕"这首歌中运用这一主义。）但那又怎样呢？我试图说明的观点是不可评估的，这个观点是句法式的。我想说的是，这种成就史蒂文斯的深刻历史力量，同时也影响着贝多芬和柏拉图。上百万（大多数）年轻人热切地等待着"蒙特利尔""中性牛奶饭店"（Neutral Milk Hotel）的下一张专辑（如果还会有下一张专辑的话），还有"刀"（Knife）（可惜已经解散了）、"动物共同体乐园"（Animal Collective）、"31结"（31 Knots）、"快跑珠宝"（Run the Jewels）、"猎鹿者"（Deerhunter）、"音速青春"（Sonic Youth）（非常可惜已经解散了），或是（披头士以来最好的乐队）"电台司令"（Radiohead）的下一张专辑，这样他们就可以再次感受到"活着"的滋味，而且可以接触到"值得坚守的东西"。

的确，存在这样的东西。

为坚守这些东西而生的人聚集在了像布鲁克林、旧金山、波特兰和西雅图这样的城市，与他们的同类在一起。这是他们教会的理念："无论在哪里，只要有两三个人奉我的名而聚会，那我就会在其之中。"尽管他们很开心有自己的临时城市教会，让他们可以在那里享受自己的希腊城邦梦想，但他们在进入金钱体系之前还是会感到无助。因此，他们在本地书店、有机超市，酒吧或餐厅里工作。他们在当地大学里打零工，或者为社会公益组织工作。他们尽可能长时间地留在研究生院里。又或者，他们也会忍气吞声做一个"有用的聪明人"，为银行投资经理检查语法，做一些其他有用的聪明人会做的事，但同时他们也会感到愧疚，并且被生活必需品所打败。

但实际上，他们生活在依靠社交媒体建立起来的、口口相传的乌托邦里（尽管他们在某种程度上明白Facebook和谷歌不是他们的朋友）。"你一定听说过这个乐队，"一个人在Facebook上说，"他们有一张新专辑，而且这周末他们要在市中心演出"。这真的是一种爱。我的女儿在给我《广告时代》时说："我被这张专辑迷住了。"她认为我也会这样。如果这使她的内心生活变得富足，那么她会想象它也能充实我的内心生活。她在把它给我时抱着众生都应快乐的渴望。

现在你可能要说这对于她来说是一件很顺理成章的事，毕竟我是她爸爸。但这样的场景有多常见呢？你会看到她在机场给陌生人听她的iPod。她穿的衣服有着次文化元素，如一件"谦逊耗子"（Modest Mouse）的T恤衫，在身上穿洞，把一缕头发染成粉色，有一个并不太低调的刺青，看到这些后你会冒着风险再问一次她在听什么。她说："我在听蒙特利尔的《点亮骨头灯》（*Skeletal Lamping*）。"你会说："那真是非常好的一张专辑了。"（现在你们都与大脑皮层后面一些令人愉悦的部位连接起来了。）我的意思是，这时你就好像踏上了一段肮脏的旅途，在一个机场，吃着第二个甜甜圈，但你是"快乐的"。记得伊安·杜力（Ian Drury）和"笨蛋"（Blockheads）《快乐的理由：第三部分》吗？这首歌的狡猾之处在于这首歌本身就是快乐的主要理由，而不是它列举的一些滑稽之事["班图·比克（Bantu Steven Biko）听雷科（Reko）/哈勃·格鲁乔·基科（Harpo Groucho Chico）的歌。"]。你会感觉像是参与到了为革命召集参与者的这件事中，或是参与了一件明智的事件。最重要的是，你会感到快乐并且有活力。

这种对艺术的坚守与对政党、运动或斗争的坚守是不同的。艺术重申了在当下享受快乐和玩乐的权利，而不是在很远的以后。现在，整理装束，穿上时髦的皮毛，戴上念珠，一起跳舞，大笑，交朋友。就现在，快乐起来！所以说，这是一个口口相传的乌托邦，但同时它也是对金钱机器人监管下普遍孤独的反抗。

反主流文化是在呼吁这种观点：对机构和政治组织的改革是永远不够的。我们已经有了追求更好的机构和法律的改革经验，但我们现在应该清楚，这些经验在任何情况下都是不够的，经常会令人失望且具有摧毁性。这不是在说改革机构是不明智的，只是这样是不够的。在西方，艺术提供给我们的东西不只是社会变革，还有"政党边界"

以外的东西。自浪漫主义时代开始，艺术和艺术家鼓励我们用不同的方式生活。与它对变化和创造性的强调相似，佛教也提供了类似的东西。就像大卫·罗伊在《一个新的佛教徒之路》（*A New Buddhist Path*）中写道："佛教提供了另一种方式：这条路是真正关于个人变革的……它不是证明死后的极乐世界，而是关于当下以另一种方式生活。"

当莫尔斯·帕克翰说浪漫主义是自建立第一批城市以来，人类历史上最伟大的事件时，他是有理由支持这个观点的。[1]有了浪漫主义，西方第一次有了一种新的内部不和谐性。现在人们住在了双重世界中：一方面，坦白地说，残酷而无聊；另一方面，有着对自由和生命的完整保障。浪漫主义者大声疾呼普通人应该离开现在的世界，走进一个新的、更人性化的、更贴近本性的世界。当前，由音乐驱动的反世界并不只是一些当代天才的独特表达。这不是最终的答案，当然也不是一个新鲜的观点。它只是浪漫主义的最新形式对生活的伟大欢呼。

没错，就是这样，而且这就够了。

"如果我在某处闲逛，在街上，那是一种即刻的集体身

1　我几次提到帕克翰，而且我在之前的一本书《科学幻象》（*The Science Delusion*）中花了很多时间来讨论他。他的书《浪漫主义：19世纪的文化》（*The Culture of the Nine- teenth Century*）使我对浪漫主义艺术的思想进行了完全的重新定位。他对浪漫主义的强调，首先，是一种社会运动，是艺术家思想的起源，这些追寻另一个世界的主体的行为与他们的感受和观念越来越一致。

份的认同。"伊安·麦克莱恩（Ian MacKaye）说。"我会看到街上的人们，然后立刻被他们吸引——一些女人剃光了头，或者做了一些类似于这样的事，这是一种即刻的集体身份认同。这对我的团体来说是非常重要的一部分，对于那些我所归属的更大团体也是如此。"

——引自《我们的乐队可能成为你的生活：美国独立地下音乐记录1981—1991》（*Our Band Could Be Your Life: Scenes from the American Indie Underground 1981–1991*）迈克尔·阿泽拉德（Michael Azerrad）著

值得坚守的东西

在听女声合唱团唱《我走过》的时候，我想到："这些甜美的和声来自每一个女生。我很好奇她们是谁。她们是苏扬的朋友吗？她们是艾斯麦提克·凯蒂唱片公司的录音室歌手吗？"［艾斯麦提克·凯蒂！拜托！那是一个特别棒的唱片公司！布努埃尔（Buñuel）不会比这做得更好了。你能想象到他给所有不同种类的Kitty猫做的类目表吗？离散的Kitty，恶毒的Kitty，午餐酒Kitty等。］

这些声音中的每一条声线都来自一个真实的女人，一方面，她们讲述着她们残缺的故事。如果我们想象其中一个背后的故事：她的父母在她5岁时离婚，她和她的妈妈陷入了贫困，搬进了外婆家的两室公寓。少年悲苦，但她生命中的每一刻都被音乐拯救，音乐使一小滴多巴胺从她混杂的神经递质中滴落下来。且不管这些，她听到的音乐是如此美妙，以至于让她流下了一种超然的眼泪。最终，她发现她想要的东西与音乐密切相关。她想唱歌。

然而另一方面，我又觉得这些女孩的声音是完全中立的，和可悲的青少年故事没有关系。这些女孩唱的是与她们无关的事，称之为永恒的液态精华。它们是约翰·费希特（Johann Fichte）所说的真正人类"声音"的一部分，直觉上我们听到"内在的声音"说："你自由了。就像这样生活。"

这种声音、这种声调、这种音乐是一种报复性的玩乐。不需要革命，也不需要上帝帮助我们，因为它已经是世界想要的样子了。这不只是关于空间的音乐，也是关于我们所有生活在反世界中的人的音乐。

致谢

衷心感谢凯利·伯迪克、安德鲁·库伯、琳达·休曼、大卫·罗伊、唐纳德·洛佩兹、路易斯·拉普汉姆，以及利奥波德·弗勒利希。